二级注册消防工程师资格考试培训教材

U0170134

消防安全案例分析

二级注册消防工程师资格考试用书编写委员会　组织编写

中国建材工业出版社

图书在版编目（CIP）数据

消防安全案例分析/二级注册消防工程师资格考试
用书编写委员会组织编写．--北京：中国建材工业出版
社，2021.3
二级注册消防工程师资格考试培训教材
ISBN 978-7-5160-3142-1

Ⅰ.①消… Ⅱ.①二… Ⅲ.①消防—安全技术—案例
—资格考试—教材 Ⅳ.①TU998.1

中国版本图书馆 CIP 数据核字（2020）第 263677 号

消防安全案例分析

Xiaofang Anquan Anli Fenxi

二级注册消防工程师资格考试用书编写委员会 组织编写

出版发行：中国建材工业出版社
地 址：北京市海淀区三里河路 1 号
邮 编：100044
经 销：全国各地新华书店
印 刷：北京鑫正大印刷有限公司
开 本：787mm×1092mm 1/16
印 张：10
字 数：250 千字
版 次：2021 年 3 月第 1 版
印 次：2021 年 3 月第 1 次
定 价：68.00 元

本书编委会

赵庆华　　洪　枫　　王树炜　　邓艳丽　　许名标
苏华明　　李德顺　　张村峰　　张树川　　陈　健
范家茂　　赵声萍　　郝天舒　　徐艳英　　郭子东
蒋慧灵　　谭志光　　薛守伟

前　言

为响应二级注册消防工程师资格考试的号召，方便应试人员复习备考，根据《注册消防工程师资格考试实施办法》和《注册消防工程师资格考试大纲》，二级注册消防工程师资格考试用书编写委员会组织相关专家编写了"二级注册消防工程师资格考试培训教材"，分别为《消防安全技术综合能力》和《消防安全案例分析》及配套辅导书。

《消防安全案例分析》是以考查消防专业技术人员在开展消防安全技术工作过程中，掌握和运用有关消防法律法规和消防技术标准规范基础理论，组织开展建筑防火检查和火灾隐患整治，分析和处理消防设施安装、检测与维护管理，以及消防安全管理、消防安全评估等消防安全技术问题的能力为主要目的而编写的，共分6篇，26个案例。第一篇为民用建筑防火案例分析，共有4个案例；第二篇为工业建筑防火案例分析，共有4个案例；第三篇为火灾自动报警系统和其他消防设施案例分析，共有6个案例；第四篇为消防给水及消火栓系统案例分析，共有4个案例；第五篇为自动喷水灭火系统案例分析，共有4个案例；第六篇为消防安全管理案例分析，共有4个案例。

本培训教材参照和引用了已经颁布实施的国家消防技术标准规范，读者在应试和执业过程中，应以有效的现行国家消防技术标准规范为依据。

在本书编写过程中得到了各省消防主管部门、消防协会以及北京科技大学、沈阳理工大学、华北水利水电大学、沈阳航空航天大学、龙岩学院、中国人民警察大学、南京工业大学、重庆大学、沈阳航空航天大学、安徽理工大学、合肥职业技术学院、义乌工商职业学院等单位的大力支持，对上述单位及编委会成员一并表示感谢。

由于时间紧促，编者水平有限，书中难免有不尽如人意之处，恳请广大读者对疏漏之处给与批评和指正。

二级注册消防工程师资格考试用书编写委员会

目　录

第一篇 民用建筑防火案例分析

学习要求

通过本篇的学习，了解国家消防法律法规和有关消防工作的方针政策；熟悉国家工程建设消防技术标准规范，提升对具体建设工程建筑防火安全需求的分析水平；掌握涉及建筑分类和耐火等级、总平面布局、防火防烟分区和层数、平面布置、安全疏散和避难、建筑构造、灭火救援设施等建筑防火技术，提高在实际工程建设中解决建筑防火问题的能力。

案例一 高层综合楼防火案例分析

一、情景描述

某一级耐火等级的钢筋混凝土结构建筑，东西长 100m，南北宽 40m，地上部分 31 层，一至六层是商业中心，层高均为 4.1m；十六层为避难层，其他层为办公区域，各层层高为 3m；南侧设置主出入口，室内设计地面±0.00m，室外设计地面−0.45m，地下二层与室外设计地面高差 9.6m；在东西两侧设置登高操作场地，在登高操作场地对应的每个建筑立面上每层设置 2 个救援窗。

主体建筑一至六层每层划分为 1 个防火分区，设置 2 座防烟楼梯间；一至三层经营各类服饰美妆等，四层经营儿童服饰及母婴用品，在四层设有 200m² 的亲子乐园；五层、六层设有 KTV 和电影院，各厅室及不同功能区域之间采用 2.0h 耐火极限的防火隔墙、2.0h 耐火极限的不燃性楼板和乙级防火门分隔。办公区域每层划分为 2 个防火分区。

地下共 2 层，每层建筑面积为 5000m²，地下一层设置建筑面积为 4000m² 商场、500m² 的网吧（平均分为 2 个房间，隔墙上开设乙级防火门连通）和 500m² 的设备用房（包含液化石油气常压燃气锅炉房、风机房、弱电机房），不同功能之间均采用防火墙划分为独立的防火分区，商业区采用防火墙分隔为 A、B 两个防火分区，A 防火分区的一个出口利用防火墙上 3.6m 的甲级防火门通过 B 区疏散，同时有一部直通室外的楼梯作为安全出口；地下二层为汽车库、消防水泵房和消防控制室，汽车库面积为 4500m²，设计停车位 300 个，按要求划分了防火分区，汽车库设置了 2 部供人员疏散的敞开楼梯间。

地下部分商业区全部采用不燃难燃材料装修。该建筑采用岩棉作为外墙外保温系统（无空腔）的保温材料进行建筑节能保温，在建筑首层设置 10mm、其他层设置 5mm 的防护层；上人屋面板采用聚苯乙烯泡沫塑料板（EPS 板），并设置 5mm 的防护层，屋面与外墙之间未设置防火隔离带进行分隔。

该建筑按国家标准设置了相应的消防设施，其他设计均符合国家标准。

二、关键知识点及依据

（一）建筑高度和建筑分类

根据《建筑设计防火规范》［GB 50016—2014（2018 年版）］的规定，建筑屋面为坡屋面时，建筑高度应为建筑室外设计地面至其檐口与屋脊的平均高度；建筑屋面为平屋面（包括有女儿墙的平屋面）时，建筑高度应为建筑室外设计地面至其屋面面层的高度；同一座建筑有多种形式的屋面时，建筑高度应按上述方法分别计算后，取其中最大值；对于台阶式地坪，当位于不同高程地坪上的同一建筑之间有防火墙分隔，各自有符合规范规定的安全出口，且可沿建筑的两个长边设置贯通式或尽头式消防车道时，可分别计算各自的建筑高度；否则，应按其中建筑高度最大者确定该建筑的建筑高度；局部突出屋顶的瞭望塔、冷却塔、水箱间、微波天线间或设施、电梯机房、排风和排烟机房及楼梯出口小间等辅助用房占屋面面积不大于 1/4 者，可不计入建筑高度；对于住宅建筑，设置在底部且室内高度不大于 2.2m 的自行车库、储藏室、敞开空间，室内外高差或建筑的地下或半地下室的顶板面高出室外设计地面的高度不大于 1.5m 的部分，可不计入建筑高度。

该建筑高度为 100.05m；建筑高度大于 100m 的民用建筑，其楼板的耐火极限不应低于 2.00h。按照建筑高度和使用功能进行分类，该建筑为一类高层公共建筑。

（二）平面布置

（1）托儿所、幼儿园的儿童用房和儿童游乐厅等儿童活动场所宜设置在独立的建筑内，且不应设置在地下或半地下；当采用一、二级耐火等级的建筑时，不应超过 3 层；采用三级耐火等级的建筑时，不应超过 2 层；采用四级耐火等级的建筑时，应为单层；确需设置在其他民用建筑内时，应符合下列规定：

1）设置在一、二级耐火等级的建筑内时，应布置在首层、二层或三层；

2）设置在三级耐火等级的建筑内时，应布置在首层或二层；

3）设置在四级耐火等级的建筑内时，应布置在首层；

4）设置在高层建筑内时，应设置独立的安全出口和疏散楼梯；

5）设置在单、多层建筑内时，宜设置独立的安全出口和疏散楼梯。

（2）剧场、电影院、礼堂宜设置在独立的建筑内；采用三级耐火等级建筑时，不应超过 2 层；确需设置在其他民用建筑内时，至少应设置 1 个独立的安全出口和疏散楼梯，并应采用耐火极限不低于 2.00h 的防火隔墙和甲级防火门与其他区域分隔。设置在一、二级耐火等级的建筑内时，观众厅宜布置在首层、二层或三层；确需布置在四层及以上楼层时，一个厅、室的疏散门不应少于 2 个，且每个观众厅的建筑面积不宜大于 400m²。

（3）燃油或燃气锅炉、油浸变压器、充有可燃油的高压电容器和多油开关等，宜设置在建筑外的专用房间内；确需贴邻民用建筑布置时，应采用防火墙与所贴邻的建筑分隔，且不应贴邻人员密集场所，该专用房间的耐火等级不应低于二级；确需布置在民用建筑内时，不应布置在人员密集场所的上一层、下一层或贴邻，并应设置在首层或地下一层的靠外墙部位，但常（负）压燃油或燃气锅炉可设置在地下二层或屋顶上。设置在屋顶上的常（负）压燃气锅炉，距离通向屋面的安全出口不应小于 6m。采用相对密度（与空气密度的比值）不小于 0.75 的可燃气体为燃料的锅炉，不得设置在地下或半地下。

（4）设置火灾自动报警系统和需要联动控制消防设备的建筑（群）应设置消防控制室。消防控制室的设置应符合下列规定：

1）单独建造的消防控制室，其耐火等级不应低于二级；

2）附设在建筑内的消防控制室，宜设置在建筑内首层或地下一层，并宜布置在靠外墙部位；

3）不应设置在电磁场干扰较强及其他可能影响消防控制设备正常工作的房间附近；

4）疏散门应直通室外或安全出口。

该建筑中儿童活动场所设置在四层不符要求，电影院未按要求设置甲级防火门，液化石油气密度比空气大，不应在地下一层使用，消防控制室不应设置在地下二层。

（三）防火分区

（1）该建筑为一类高层公共建筑，地上各层防火分区的最大允许建筑面积均为 1500m²，地下一层设备用房区域防火分区的最大允许建筑面积为 1000m²，地下一层物业管理用房区域防火分区的最大允许建筑面积为 500m²。建筑内设置自动灭火系统时，防火分区的最大允许建筑面积可按上述规定增加 1.0 倍；局部设置时，增加面积可按该局部面积的 1.0 倍计算。

（2）一、二级耐火等级建筑内的营业厅、展览厅，当设置自动灭火系统和火灾自动报警系统并采用不燃或难燃装修材料时，每个防火分区的最大允许建筑面积可适当增加，并应符合下列规定：

1）设置在高层建筑内时，不应大于 4000m²。

2）设置在单层建筑内或仅设置在多层建筑的首层内时，不应大于 10000m²。当营业厅、展览厅同时设置在多层民用建筑的首层及其他楼层时，考虑到涉及多个楼层的疏散和火灾蔓延危险，其地上楼层内防火分区的最大允许建筑面积应为 2500m²；当建筑内设置自动灭火系统时，其地上楼层内防火分区的最大允许建筑面积应为 5000m²；当建筑内局部设置自动灭火系统时，其地上楼层内防火分区的增加面积可按该局部面积的 1.0 倍计算。

3）设置在地下或半地下时，不应大于 2000m²。

该建筑地上部分没有全部采用不燃或难燃装修材料，一至六层均应按不大于 3000m² 至少划分为 2 个防火分区。

（四）安全疏散

根据《建筑设计防火规范》［GB 50016—2014（2018 年版）］的规定，该建筑的安全疏散应符合下列要求：

（1）一、二级耐火等级公共建筑内的安全出口全部直通室外确有困难的防火分区，可利用通向相邻防火分区的甲级防火门作为安全出口，但应符合下列要求：

1）利用通向相邻防火分区的甲级防火门作为安全出口时，应采用防火墙与相邻防火分区进行分隔；

2）建筑面积大于 1000m² 的防火分区，直通室外的安全出口不应少于 2 个；建筑面积不大于 1000m² 的防火分区，直通室外的安全出口不应少于 1 个；

3）该防火分区通向相邻防火分区的疏散净宽度不应大于其按规范规定计算所需疏散总净宽度的 30%，建筑各层直通室外的安全出口总净宽度不应小于按照规范规定计算所需疏散总净宽度。

（2）高层公共建筑的疏散楼梯，当分散设置确有困难且从任一疏散门至最近疏散楼梯间入口的距离不大于 10m 时，可采用剪刀楼梯间，但应符合下列规定：

1）楼梯间应为防烟楼梯间；

2）梯段之间应设置耐火极限不低于 1.00h 的防火隔墙；

3）楼梯间的前室应分别设置。

（3）公共建筑内房间的疏散门数量应经计算确定且不应少于 2 个。除托儿所、幼儿园、老年人照料设施、医疗建筑、教学建筑内位于走道尽端的房间外，符合下列条件之一的房间可设置 1 个疏散门：位于两个安全出口之间或袋形走道两侧的房间，对于托儿所、幼儿园、老年人照料设施，建筑面积不大于 50m²；对于医疗建筑、教学建筑，建筑面积不大于 75m²；对于其他建筑或场所，建筑面积不大于 120m²。

（4）一、二级耐火等级建筑内疏散门或安全出口不少于 2 个的观众厅、展览厅、多功能厅、餐厅、营业厅等，其室内任一点至最近疏散门或安全出口的直线距离不应大于 30m；当疏散门不能直通室外地面或疏散楼梯间时，应采用长度不大于 10m 的疏散走道通至最近的安全出口。当该场所设置自动喷水灭火系统时，室内任一点至最近安全出口的安全疏散距离可分别增加 25%。

（5）建筑高度大于 100m 的公共建筑，应设置避难层（间）。第一个避难层（间）的楼地面至灭火救援场地地面的高度不应大于 50m，两个避难层（间）之间的高度不宜大于 50m。

（6）除室内无车道且无人员停留的机械式汽车库外，汽车库、修车库内每个防火分区的人员安全出口不应少于 2 个，Ⅳ类汽车库和Ⅲ、Ⅳ类修车库可设置 1 个。建筑高度大于 32m 的高层汽车库、室内地面与室外出入口地坪的高差大于 10m 的地下汽车库应采用防烟楼梯间，其他汽车库、修车库应采用封闭楼梯间。

（7）民用建筑和厂房建筑内的疏散门，应采用向疏散方向开启的平开门，不应采用推拉门、卷帘门、吊门、转门和折叠门。除甲、乙类生产车间外，人数不超过 60 人且每樘门的平均疏散人数不超过 30 人的房间，其疏散门的开启方向不限。

该建筑 A 防火分区建筑面积大于 1000m²，直通室外的安全出口不应少于 2 个；16 层为避难层，其楼地面至灭火救援场地地面的高度大于 50m，不符合要求；汽车库为Ⅱ类汽车库，需要设置 4 个防烟楼梯间。

（五）救援场地和入口

（1）高层建筑应至少沿一个长边或周边长度的 1/4 且不小于一个长边长度的底边连续布置消防车登高操作场地，该范围内的裙房进深不应大于 4m。建筑高度不大于 50m 的建筑，连续布置消防车登高操作场地确有困难时，可间隔布置，但间隔距离不宜大于 30m，且消防车登高操作场地的总长度仍应符合上述规定。

（2）建筑物与消防车登高操作场地相对应的范围内，应设置直通室外的楼梯或直通楼梯间的入口。

（3）厂房、仓库、公共建筑的外墙应在每层的适当位置设置可供消防救援人员进入的窗口。

（4）供消防救援人员进入的窗口的净高度和净宽度均不应小于1.0m，下沿距室内地面不宜大于1.2m，间距不宜大于20m且每个防火分区不应少于2个，设置位置应与消防车登高操作场地相对应。窗口的玻璃应易于破碎，并应设置可在室外易于识别的明显标志。

该建筑登高操作场地应连续布置且长度不少于一个长边。

（六）外墙保温

（1）设置人员密集场所的建筑，其外墙外保温材料的燃烧性能应为A级。

（2）与基层墙体、装饰层之间无空腔的建筑外墙外保温系统，其保温材料应符合下列规定：

1）住宅建筑建筑高度大于100m时，保温材料的燃烧性能应为A级；建筑高度大于27m但不大于100m时，保温材料的燃烧性能不应低于B_1级；建筑高度不大于27m时，保温材料的燃烧性能不应低于B_2级。

2）除住宅建筑和设置人员密集场所的建筑外，建筑高度大于50m时，保温材料的燃烧性能应为A级；建筑高度大于24m但不大于50m时，保温材料的燃烧性能不应低于B_1级；建筑高度不大于24m时，保温材料的燃烧性能不应低于B_2级。

（3）建筑的外墙外保温系统应采用不燃材料在其表面设置防护层，防护层应将保温材料完全包覆。

（4）建筑的屋面外保温系统，当屋面板的耐火极限不低于1.00h时，保温材料的燃烧性能不应低于B_2级；当屋面板的耐火极限低于1.00h时，不应低于B_1级。采用B_1、B_2级保温材料的外保温系统应采用不燃材料作防护层，防护层的厚度不应小于10mm。当建筑的屋面和外墙外保温系统均采用B_1、B_2级保温材料时，屋面与外墙之间应采用宽度不小于500mm的不燃材料设置防火隔离带进行分隔。

该建筑屋面板保温层设置5mm的防护层不符合要求。

三、练习题

根据以上材料，回答下列问题：

1. 计算该建筑的建筑高度，并确定其建筑分类。
2. 指出该建筑在总平面布局中存在的问题，并简述理由。
3. 指出该建筑在平面布置与防火分隔方面存在的问题，并简述理由。
4. 指出该建筑在防火分区方面存在的问题，并简述理由。
5. 指出该建筑在安全疏散与避难方面存在的问题，并简述理由。
6. 判断该建筑在外保温方面是否存在问题，并说明理由。

【参考答案】

1. 答：

（1）建筑高度为（6×4.1＋25×3）＋0.45＝100.05（m）。

（2）属于一类高层公共建筑。

2. 答：

（1）在东西两侧设置登高操作场地存在问题。

理由：东西两侧总长度 80m，高层建筑应至少沿一个长边或周边长度的 1/4 且不小于一个长边长度的底边连续布置消防车登高操作场地，长度不符合要求；且建筑高度大于 50m 的建筑不能间隔布置。

（2）在登高操作场地对应的建筑立面上每层设置 2 个救援窗存在问题。

理由：供消防救援人员进入的窗口布置间距不宜大于 20m，且每个防火分区不应少于 2 个。

（3）建筑物与消防车登高操作场地相对应的范围内未设置直通室外的楼梯或入口存在问题。

理由：应设置直通室外的楼梯或直通楼梯间的入口。

3. 答：

（1）在四层设有不大于 200m² 的亲子乐园存在问题。

理由：儿童游乐厅等儿童活动场所设置在一、二级耐火等级的建筑内时，应布置在首层、二层或三层。

（2）电影院各厅室之间采用 2.0h 的防火隔墙和乙级防火门分隔存在问题。

理由：剧场、电影院、礼堂应采用耐火极限不低于 2.00h 的防火隔墙和甲级防火门与其他区域分隔。

（3）地下一层设置液化石油气常压燃气锅炉房存在问题。

理由：采用相对密度（与空气密度的比值）不小于 0.75 的可燃气体为燃料的锅炉，不得设置在地下或半地下，且锅炉房不能贴邻人员密集场所。

（4）地下二层设置消防控制室存在问题。

理由：附设在建筑内的消防控制室，宜设置在建筑内首层或地下一层，并宜布置在靠外墙部位。

4. 答：

（1）主体建筑一至四层为商场，每层划分为 1 个防火分区存在问题。

理由：本建筑地上部分的商业区顶棚、墙面采用矿棉板，地面采用硬 PVC 塑料地板，其他部位装修均按照国家最低标准执行，家具包布等装饰存在可燃材料，所以应按不大于 3000m² 划分为 2 个防火分区。

（2）五层、六层设有 KTV 和电影院，每层划分为 1 个防火分区存在问题。

理由：高层民用建筑一个防火分区面积最大 1500m²，设自喷增加一倍，该建筑每层 4000m² 至少划分 2 个防火分区。

5. 答：

（1）六层电影院未设置独立的安全出口，存在问题。

理由：电影院设置在其他民用建筑内时，至少应设置 1 部独立的疏散楼梯。

（2）A 防火分区利用防火墙上 3.6m 的甲级防火门通过 B 区疏散，同时有一部直通室外的楼梯作为安全出口，存在问题。

理由：建筑面积大于 1000m² 的防火分区，直通室外的安全出口不应少于 2 个。

（3）十六层为避难层存在问题。

理由：第一个避难层（间）的楼地面至灭火救援场地地面的高度不应大于50m，所以应该设置在十五层。

（4）汽车库设置了2部供人员疏散的敞开楼梯间存在问题。

理由：该汽车库为Ⅱ类汽车库，每个防火分区的人员安全出口不应少于2个且需要划分为2个防火分区，所以需要4个防烟楼梯间。

6. 答：

（1）采用岩棉作为外墙外保温系统（无空腔）的保温材料进行建筑节能保温没有问题。

理由：设置人员密集场所的建筑及建筑高度大于50m公共建筑，其外墙外保温材料的燃烧性能应为A级，岩棉属于A级材料。

（2）外保温系统在建筑首层设置10mm，其他层5mm的防护层没有问题。

理由：采用A级保温材料时只需要设置防护层，厚度不限。

（3）上人屋面板采用聚苯乙烯泡沫塑料板（EPS板）没有问题。

理由：当屋面板的耐火极限不低于1.00h时，屋面外保温系统保温材料不应低于B_2级，该建筑为一级耐火等级，上人屋面板耐火极限不低于1.5h。

（4）屋面板保温层设置5mm的防护层存在问题。

理由：采用B_1、B_2级保温材料的外保温系统应采用不燃材料作防护层，防护层的厚度不应小于10mm。

（5）屋面与外墙之间未设置防火隔离带进行分隔没有问题。

理由：当屋面和外墙外保温系统均采用B_1、B_2级保温材料时，需要用宽度不小于500mm的不燃材料设置防火隔离带进行分隔，本建筑外墙为A级材料。

案例二　高层商住楼防火案例分析

一、情景描述

某民用建筑，室内地坪标高为±0.000m，室外地坪标高为-0.560m，地上16层，主体建筑标准层建筑面积为1300m²，一至三层层高为4.2m，其余层高为3.3m；屋顶为局部突出的平屋面，突出部分是高度为2.1m的水箱间，建筑面积为325m²；地下3层，层高为4.8m。该建筑为钢筋混凝土现浇框架结构，承重墙、柱、楼板、疏散走道两侧隔墙和房间隔墙均为不燃性构件，耐火极限分别为3h、3h、1.5h、1h、0.75h。

地上一至三层是商场，通过自动扶梯上下连通，划分1个防火分区。四层及以上每层划分1个防火分区；四层、五层设置多个餐厅；六层为电影院，采用2h防火隔墙平均分隔成3个观众厅，分别设置2个向疏散方向开启的乙级防火门，独立的安全出口。7~16层是单元式住宅，户门采用普通防盗门，沿建筑长边两端靠外墙处分别设置一个独立的封闭楼梯间，梯段净宽为1.1m。商业部分在不同的位置设置了两个敞开楼梯间并直通室外。该建筑设置一部每层停靠的消防电梯，前室采用2h防火隔墙和乙级防火门分隔,电梯轿厢尺寸为 1.5m×1.8m,采用铝箔复合材料装修。

主体建筑西侧附建一座建筑面积为 1500m² 的老年康复中心,该中心为 5 层裙房,层高为 3.3m,并采用防火墙和甲级防火门与高层主体建筑进行分隔,二层及以上楼层每层设置一个建筑面积为 12m² 的避难间,采用 2h 隔墙和甲级防火门与其他区域分隔,避难间内设置消防专线电话和消防应急广播,入口处设置明显指示标志。二层平面布置如图 1-2-1 所示。

高层主体建筑和裙房的下部设置了 3 层地下室,每层划分一个防火分区。地下一层东侧设置 2000m² 的百货超市,西侧是并排布置设备用房,分别是消防控制室、柴油发电机房和 1 个采用自然气化方式供气的总容积为 0.95m³ 的液化石油气瓶。地下二层、地下三层是汽车库,每层划分 1 个防火分区。该主体建筑及裙房的消防应急照明的备用电源可连续保障供电 30min,该主体建筑及裙房的室内消火栓箱内配置了水带、水枪并设置了符合要求的自动喷水灭火系统、火灾自动报警系统、防排烟系统。

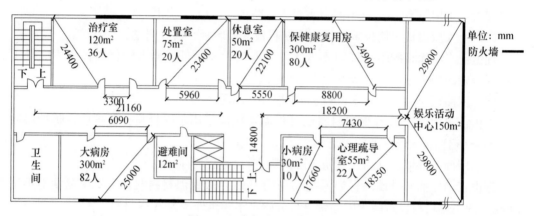

图 1-2-1 康复中心 2 层平面图

二、关键知识点及依据

(一)建筑高度和建筑分类

根据《建筑设计防火规范》[GB 50016—2014(2018 年版)]的规定,局部突出屋顶的瞭望塔、冷却塔、水箱间、微波天线间或设施、电梯机房、排风和排烟机房及楼梯出口小间等辅助用房占屋面面积不大于 1/4 者,可不计入建筑高度;该建筑高度为 56.6m,为一类高层公共建筑。

民用建筑的耐火等级应根据其建筑高度、使用功能、重要性和火灾扑救难度等确定,地下或半地下建筑(室)和一类高层建筑的耐火等级不应低于一级;单、多层重要公共建筑和二类高层建筑的耐火等级不应低于二级。一级耐火等级建筑的承重墙、柱、楼板、疏散走道两侧隔墙和房间隔墙均应为不燃性构件,其耐火极限分别不应低于 3h、3h、1.5h、1h、0.75h。

(二)平面布置

(1)布置在民用建筑内的柴油发电机房应符合下列规定:

1)宜布置在首层或地下一层、地下二层。

2）不应布置在人员密集场所的上一层、下一层或贴邻。

3）应采用耐火极限不低于 2.00h 的防火隔墙和 1.50h 的不燃性楼板与其他部位分隔，门应采用甲级防火门。

4）机房内设置储油间时，其总储存量不应大于 1m³，储油间应采用耐火极限不低于 3.00h 的防火隔墙与发电机间分隔；确需在防火隔墙上开门时，应设置甲级防火门。

5）应设置火灾报警装置。

6）应设置与柴油发电机容量和建筑规模相适应的灭火设施，当建筑内其他部位设置自动喷水灭火系统时，机房内应设置自动喷水灭火系统。

（2）建筑采用瓶装液化石油气瓶组供气时，应符合下列规定：

1）应设置独立的瓶组间。

2）瓶组间不应与住宅建筑、重要公共建筑和其他高层公共建筑贴邻，液化石油气气瓶的总容积不大于 1m³ 的瓶组间与所服务的其他建筑贴邻时，应采用自然气化方式供气。

（3）除商业服务网点外，住宅建筑与其他使用功能的建筑合建时，住宅部分与非住宅部分之间应采用耐火极限不低于 2.00h 且无门、窗、洞口的防火隔墙和 1.50h 的不燃性楼板完全分隔；当为高层建筑时，应采用无门、窗、洞口的防火墙和耐火极限不低于 2.00h 的不燃性楼板完全分隔。

（4）根据《汽车库、修车库、停车场设计防火规范》（GB 50067—2014）的规定，汽车库、修车库与其他建筑合建时，应符合下列规定：

1）当贴邻建造时，应采用防火墙隔开；

2）设在建筑物内的汽车库（包括屋顶停车场）、修车库与其他部位之间，应采用防火墙和耐火极限不低于 2.00h 的不燃性楼板分隔。

该建筑地上一层是商场，属于人员密集场所，柴油机发电机房不应设置在地下一层；地下一层不应设置液化石油气瓶间。

（三）防火分区

（1）根据《建筑设计防火规范》［GB 50016—2014（2018 年版）］的规定，建筑内设置自动扶梯、敞开楼梯等上、下层相连通的开口时，其防火分区的建筑面积应按上、下层相连通的建筑面积叠加计算；当叠加计算后的建筑面积大于规定的最大允许建筑面积时，应划分防火分区。当建筑内设置自动灭火系统时，可按规定的最大允许建筑面积增加 1.0 倍；局部设置时，防火分区的增加面积可按该局部面积的 1.0 倍计算。裙房与高层建筑主体之间设置防火墙时，裙房的防火分区可按单、多层建筑的要求确定。

（2）根据《汽车库、修车库、停车场设计防火规范》（GB 50067—2014）的规定，地下二、地下三层普通汽车库防火分区的最大允许建筑面积为 2000m²，汽车库内设有自动灭火系统时，其防火分区的最大允许建筑面积可增加 1.0 倍。

该建筑设置了符合要求的自动喷水灭火系统，地下一层应按百货超市不大于 1000m²、设备用房不大于 2000m² 进行防火分区划分。

（四）安全疏散

（1）除商业服务网点外，住宅建筑与其他使用功能的建筑合建时，住宅部分与非住宅部分的安全出口和疏散楼梯应分别独立设置；为住宅部分服务的地上车库应设置独立的疏散楼梯或安全出口。

（2）下列多层公共建筑的疏散楼梯，除与敞开式外廊直接相连的楼梯间外，均应采用封闭楼梯间：

1）医疗建筑、旅馆及类似使用功能的建筑；

2）设置歌舞娱乐放映游艺场所的建筑；

3）商店、图书馆、展览建筑、会议中心及类似使用功能的建筑；

4）6层及以上的其他建筑。

（3）建筑内的安全出口和疏散门应分散布置，且建筑内每个防火分区或一个防火分区的每个楼层、每个住宅单元每层相邻两个安全出口及每个房间相邻两个疏散门最近边缘之间的水平距离不应小于5m。

（4）公共建筑的安全疏散距离应符合《建筑设计防火规范》〔GB 50016—2014（2018年版）〕的规定，建筑物内全部设置自动喷水灭火系统时，其安全疏散距离可增加25%。

该建筑中的住宅与商业部分的疏散楼梯应分开设置，且商业部分应设置封闭楼梯；老年康复中心的娱乐活动中心室内任一点至疏散门及疏散门至最近安全出口的距离均不应大于25m。

（五）灭火救援设施

（1）根据《建筑设计防火规范》〔GB 50016—2014（2018年版）〕的规定，三层及三层以上总建筑面积大于3000m²（包括设置在其他建筑内三层及以上楼层）的老年人照料设施，应在二层及以上各层老年人照料设施部分的每座疏散楼梯间的相邻部位设置1间避难间；当老年人照料设施设置与疏散楼梯或安全出口直接连通的开敞式外廊、与疏散走道直接连通且符合人员避难要求的室外平台等时，可不设置避难间。避难间内可供避难的净面积不应小于12m²，避难间可利用疏散楼梯间的前室或消防电梯的前室，其他要求应符合高层病房楼避难间的规定。供失能老年人使用且层数大于二层的老年人照料设施，应按核定使用人数配备简易防毒面具。

（2）为了满足消防扑救的需要，消防电梯应选用较大的载重量，一般不应小于800kg，且轿厢尺寸不宜小于1.5m×2m。对于医院建筑等类似建筑，消防电梯轿厢内的净面积尚需考虑病人、残障人士等的救援及方便对外联络的需要。消防电梯要层层停靠，包括地下室各层。消防电梯的行驶速度从首层至顶层的运行时间不宜大于60s。电梯轿厢的内部装修应采用不燃材料。

该建筑中避难间的面积应按净面积计算，消防电梯轿厢尺寸和装修材料不符合要求。

（六）消防设施

（1）根据《建筑设计防火规范》〔GB 50016—2014（2018年版）〕的规定，建筑内消防应急照明和灯光疏散指示标志的备用电源的连续供电时间应符合下列规定：

1）建筑高度大于100m的民用建筑，不应少于1.50h；

2）医疗建筑、老年人照料设施、总建筑面积大于100000m²的公共建筑和总建筑面积大于 20000m² 的地下、半地下建筑，不应少于 1.0h；

3）其他建筑，不应少于 0.50h。

（2）人员密集的公共建筑、建筑高度大于 100m 的建筑和建筑面积大于 200m² 的商业服务网点内应设置消防软管卷盘或轻便消防水龙。高层住宅建筑的户内宜配置轻便消防水龙。

老年人照料设施内应设置与室内供水系统直接连接的消防软管卷盘，消防软管卷盘的设置间距不应大于 30.0m。

该建筑裙房的消防应急照明的备用电源连续供电时间应不低于 60min；老年人照料中心和主体建筑的商业部分应加设消防软管卷盘和轻便水龙。

三、练习题

根据以上材料，回答下列问题：

1. 判断建筑防火分区是否符合要求，并提出解决方案。

2. 指出该建筑平面布置和防火分隔存在哪些问题，并说明理由。

3. 指出该建筑安全疏散存在的问题，并说明理由。

4. 指出避难间、灭火救援方面存在的问题。

5. 指出消防设施方面存在的问题，给出具体措施。

【参考答案】

1. 答：

（1）地上一至三层商场划分 1 个防火分区，四至十六层每层划分 1 个防火分区均符合要求。

（2）地下一层划分 1 个防火分区不符合要求。

解决方案：百货超市应至少划分 2 个防火分区，设备用房单独划分 1 个防火分区。

（3）汽车库每层 1 个防火分区符合要求。

（4）老年康复中心每层 1 个防火分区符合要求。

2. 答：

（1）电影院平均分隔成 3 个观众厅并分别设置 2 个朝疏散方向开启的乙级防火门。

理由：电影院设置在四层及以上楼层，1 个厅、室的面积不应大于 400m²，隔墙上应采用甲级防火门。

（2）地下一层设置柴油发电机房。

理由：柴油发电机房不应布置在人员密集场所上一层或下一层及贴邻。

（3）地下一层设置液化石油气瓶组间。

理由：瓶组间不应与住宅建筑、重要公共建筑和其他高层公共建筑贴邻，应独立设置。

（4）住宅与非住宅部分防火分隔不符合要求。

理由：应采用不开门窗洞口的防火墙和 2h 楼板完全分隔。

（5）地下二层和三层是汽车库与其他部分防火分隔不符合要求。

理由：应采用防火墙和 2h 不燃性楼板分隔。

3. 答：

（1）商业部分设置敞开楼梯间。

理由：非住宅部分楼梯形式按非住宅部分建筑高度确定，该背景非住宅部分按多层建筑，使用功能为商场等功能，按规范有关规定应设置为封闭楼梯间。

（2）心理疏导室、活动中心设 1 个疏散门。

理由：老年人照料设施位于 2 个安全出口之间或袋形走道两侧的房间，建筑面积大于 $50m^2$，或者位于袋形走道尽端，其疏散门不应少于 2 个。

（3）大病房疏散门开启方向。

理由：该房间使用人数超 60 人，按规定疏散门应朝疏散方向开启。

（4）娱乐活动中心室内任一点至疏散门距离 29.8m。

理由：一、二级耐火等级的老年人照料中心室内任一点至疏散门的距离不应大于 20m，设置自动喷水灭火系统可增加 25%，$20 \times 1.25 = 25$（m）。

（5）娱乐活动中心疏散门到最近安全出口距离 33m。

理由：一、二级耐火等级的老年人照料中心位于袋形走道两侧或尽端房间疏散门到最近安全出口的距离不应大于 20m，设置自动喷水灭火系统可增加 25%，$20 \times 1.25 = 25$（m）。

（6）治疗室两个疏散门的距离。

理由：一个房间的两个疏散门的距离不应小于 5m。

4. 答：

（1）避难间建筑面积为 $12m^2$。

措施：应是净面积不小于 $12m^2$，避难间内应配备供失能老年人使用的简易防毒面具。

（2）避难间的数量不够。

措施：应在西侧疏散楼梯间的相邻部位设置一个避难间。

（3）消防电梯轿厢尺寸为 1.5m×1.8m，采用铝箔复合材料装修。

措施：消防电梯轿厢尺寸不宜小于 1.5m×2m，采用不燃材料装修，铝箔复合材料属于 B_1 级。

5. 答：

（1）裙房的消防应急照明的备用电源连续供电 30min。

措施：调整电源容量，使备用电源连续供电应不低于 60min。

（2）主体建筑及裙房的室内消火栓箱配置了水带、水枪。

措施：老年人照料中心和主体建筑的商业部分加设消防软管卷盘和轻便水龙。

案例三　购物中心防火案例分析

一、情景描述

某购物中心，耐火等级为二级，地上 5 层，地下 2 层，地下二层室内地面与室外出入口的地坪高差为 9m，首层室内地面标高为±0.000m，室外设计地面标高为−0.8m，平屋面标高为＋22.4m，女儿墙标高为＋23.6m；平屋面有面积为 800m²、高度为 2.80m 的水箱间、电梯机房等辅助用房。每层建筑面积为 5000m²，均采用难燃和不燃材料装修，地上每层划分为一个防火分区，地下每层划分为 2 个防火分区，设备用房单独划分 1 个分区。

该建筑地下二层至地上顶层设有 2 部上下贯通、各层平面位置相同且设有机械加压送风系统的封闭楼梯间，在首层采用耐火极限不低于 2.00h 的防火隔墙和乙级防火门，将地下部分与地上部分的连通部分完全分隔，并设置明显标志。

该建筑地下一层使用功能为超市和家具店，超市主要经营销售食品、厨卫用品、硫黄、漂白粉、服装、鞋和包等商品，超市的建筑面积为 3000m²，家具店的建筑面积为 2000m²；地下二层使用功能为展览厅和设备用房（设备用房建筑面积为 800m²）。地上一至四层的使用功能为商店营业厅；地上五层由儿童游乐厅、电影院、健身房、KTV、商场办公室和会议室组成，其中儿童游乐厅的建筑面积为 800m²，电影院每个观众厅建筑面积均为 350～400m² 且设有两个向疏散方向开启的疏散门，KTV 共 8 个厅，每个厅、室的建筑面积均为 220m²。儿童游乐厅、健身房、KTV 均采用耐火极限不低于 2.00h 的隔墙和乙级防火门与其他部位分隔。

五层的疏散走道地面、电影院内台阶为阻燃地毯；儿童游乐厅地面为氯丁橡胶地板，电影院、健身房、KTV、商场办公室和会议室厅地面均为木质地板；电影院、KTV 墙面贴有墙布；顶棚均为石膏板。

该建筑按有关国家工程建设消防技术标准的规定设置了室内外消火栓系统、自动喷水灭火系统和火灾自动报警系统等消防设施及器材。

二、关键知识点及依据

（一）建筑分类

重要公共建筑系指为某一地区的政治、经济活动提供必要保障的重要建筑，或涉及居民正常生活的重要文化、体育建筑或人员高度集中的大型建筑，这些建筑发生火灾后，需尽量减少人员伤亡和火灾对建筑结构的危害，以便为人员疏散和火灾扑救提供足够的安全时间或尽快恢复其使用功能，降低可能造成的严重后果。根据《汽车加油加气站设计与施工规范》［GB 50156—2012（2014 年版）］附录 B 的规定，重要公共建筑一般包括以下内容：

（1）地市级及以上的党政机关办公楼。

（2）设计使用人数或座位数超过 1500 人（座）的体育馆、会堂、影剧院、娱乐场所、车站、证券交易所等人员密集的公共室内场所。

（3）藏书量超过 50 万册的图书馆；地市级及以上的文物古迹、博物馆、展览馆、档案馆等建筑物。

（4）省级及以上的银行等金融机构办公楼，省级及以上的广播电视建筑。

（5）使用人数超过 500 人的中小学校及其他未成年人学校；使用人数超过 200 人的幼儿园、托儿所、残障人员康复设施；150 张床位及以上的养老院、医院的门诊楼和住院楼。

（6）总建筑面积超过 20000m² 的商店建筑，商业营业场所的建筑面积超过 15000m² 的综合楼。

该大型购物中心属于人员高度集中的大型建筑，其建筑分类应为多层重要公共建筑。

（二）耐火等级和建筑层数

（1）购物中心的耐火等级应根据其建筑高度、使用功能、重要性和火灾扑救难度等确定。公共建筑中地下或半地下建筑（室）的耐火等级不应低于一级。单、多层重要公共建筑的耐火等级不应低于二级。

（2）一、二级耐火等级公共建筑的上人平屋顶，其屋面板的耐火极限分别不应低于 1.50h 和 1.00h。一、二级耐火等级公共建筑的屋面板应采用不燃材料。三级耐火等级多层公共建筑的层数不应超过 5 层，四级耐火等级多层公共建筑的层数不应超过 2 层。

（三）防火分区

（1）多层建筑地上各层防火分区的最大允许建筑面积均为 2500m²，地下一层设备用房区域防火分区的最大允许建筑面积为 1000m²，地下一层物业管理用房区域防火分区的最大允许建筑面积为 500m²。建筑内设置自动灭火系统时，防火分区的最大允许建筑面积可按上述规定增加 1 倍；局部设置时，增加面积可按该局部面积的 1 倍计算。

（2）一、二级耐火等级建筑内的营业厅、展览厅，当设置自动灭火系统和火灾自动报警系统并采用不燃或难燃装修材料时，每个防火分区的最大允许建筑面积可适当增加，并应符合下列规定：

1）设置在单层建筑内或仅设置在多层建筑的首层内时，不应大于 10000m²；当营业厅、展览厅同时设置在多层民用建筑的首层及其他楼层时，考虑到涉及多个楼层的疏散和火灾蔓延危险，其地上楼层内防火分区的最大允许建筑面积应为 2500m²；当建筑内设置自动灭火系统时，其地上楼层内防火分区的最大允许建筑面积应为 5000m²；当建筑内局部设置自动灭火系统时，其地上楼层内防火分区的增加面积可按该局部面积的 1 倍计算。

2）设置在地下或半地下时，不应大于 2000m²。

3）总建筑面积大于 20000m² 的地下或半地下商店，应采用无门、窗、洞口的防火墙、耐火极限不低于 2.00h 的楼板分隔为多个建筑面积不大于 20000m² 的区域。相邻区域确需局部连通时，应采用下沉式广场等室外开敞空间、防火隔间、避难走道、防烟楼梯间（相关部位的防烟楼梯间及其前室的门均应采用常开甲级防火门）等方式进行连通。

该购物中心建筑中地上部分为二级耐火等级多层公共建筑，防火分区最大允许建筑面积为 2500m²，设置自动灭火系统时可增加一倍，每个防火分区最大允许建筑面积为 5000m²；地下部分设置自动灭火系统和火灾自动报警系统，并且采用不燃和难燃材料装修，其防火分区最大允许建筑面积为 2000m²。

（四）安全疏散

（1）该大型购物中心应根据建筑高度、规模、使用功能和耐火等级等因素合理设置安全疏散设施，确保安全出口、疏散门的位置、数量和宽度及疏散距离等满足人员安全疏散的要求。其安全疏散应符合下列规定：

1）该建筑内的安全出口和疏散门应分散布置，且建筑内每个防火分区或一个防火分区的每个楼层相邻两个安全出口及每个房间相邻两个疏散门最近边缘之间的水平距离不应小于5m。

2）每个防火分区或一个防火分区的每个楼层，其安全出口的数量应经计算确定，且不应少于2个。

3）除剧场、电影院、礼堂、体育馆外的其他公共建筑，其房间疏散门、安全出口、疏散走道和疏散楼梯的各自总净宽度，应符合下列规定：

每层的房间疏散门、安全出口、疏散走道和疏散楼梯的各自总净宽度，应根据疏散人数按每100人的最小疏散净宽度不小于表1-3-1的规定计算确定。当每层疏散人数不等时，疏散楼梯的总净宽度可分层计算，地上建筑内下层楼梯的总净宽度应按该层及以上疏散人数最多一层的人数计算；地下建筑内上层楼梯的总净宽度应按该层及以下疏散人数最多一层的人数计算。

表1-3-1　每层的房间疏散门、安全出口、疏散走道和

疏散楼梯最小疏散净宽度　　　　　　　　　　　　　　（m/百人）

建筑层数（整体考虑）		建筑的耐火等级		
		一、二级	三级	四级
地上楼层	1、2层	0.65	0.75	1.00
	3层	0.75	1.00	
	≥4层	1.00	1.25	
地下楼层	与地面出入口地面的高差 $H \leqslant 10m$	0.75	—	—
	与地面出入口地面的高差 $H > 10m$	1.00	—	—

注：1. 地下或半地下人员密集的厅、室和歌舞娱乐放映游艺场所，其房间疏散门、安全出口、疏散走道和疏散楼梯的各自总净宽度，应根据疏散人数按每100人不小于1.00m计算确定。

2. 首层外门的总净宽度应按该建筑疏散人数最多一层的人数计算确定，不供其他楼层人员疏散的外门，可按本层的疏散人数计算确定。

3. 歌舞娱乐放映游艺场所中录像厅的疏散人数，应根据厅、室的建筑面积按不小于1.0人/m²计算；其他歌舞娱乐放映游艺场所的疏散人数，应根据厅、室的建筑面积按不小于0.5人/m²计算。

该购物中心地下半地下疏散楼梯的总净宽度应按每100人不小于1.00m计算确定。

商店的疏散人数应按每层营业厅的建筑面积乘以表1-3-2规定的人员密度计算。对于建材商店、家具和灯饰展示建筑，其人员密度可按表1-3-2规定值的30%确定。

表1-3-2　商店营业厅内的人员密度　　　　　　　　　　　　　　（人/m²）

楼层位置	地下第二层	地下第一层	地上第一、第二层	地上第三层	地上第四层及以上各层
人员密度	0.56	0.60	0.43～0.60	0.39～0.54	0.30～0.42

注：确定人员密度值时，应考虑商店的建筑规模，当建筑规模较小（比如营业厅的建筑面积小于3000m²）时宜取上限值，当建筑规模较大时，可取下限值。当一座商店建筑内设置有多种商业用途时，考虑到不同用途区域可能随经营状况或经营者的变化而变化，尽管部分区域可能用于家具、建材经销等类似用途，但人员密度仍需要按照该建筑的主要商业用途来确定，不能再按照上述方法折减。

该购物中心地下1层超市的人员密度取值为0.6人/m²，超市的疏散人数为3000×

0.6＝1800（人），家具区的疏散人数＝2000×0.6＝1200（人）。

（2）人员密集的公共建筑不宜在窗口、阳台等部位设置封闭的金属栅栏，确需设置时，应能从内部易于开启；窗口、阳台等部位宜根据高度设置适用的辅助疏散逃生设施。

（3）一、二级耐火等级公共建筑内的安全出口全部直通室外确有困难的防火分区，可利用通向相邻防火分区的甲级防火门作为安全出口，但应符合下列要求：

1）利用通向相邻防火分区的甲级防火门作为安全出口（可在一定程度解决个别防火分区直通室外安全出口数量不足、疏散宽度不够或其中局部区域的安全疏散距离过长的问题）时，应采用防火墙（不能采用防火卷帘、防火分隔水幕等措施替代）与相邻防火分区进行分隔。

2）建筑面积大于1000m²的防火分区，直通室外的安全出口数量不应少于2个；建筑面积不大于1000m²的防火分区，直通室外的安全出口数量不应少于1个。

3）该防火分区通向相邻防火分区的疏散净宽度不应大于所需疏散总净宽度的30%；建筑各层直通室外的安全出口总净宽度，不应小于所需疏散总净宽度。

（4）疏散走道在防火分区处应设置常开甲级防火门。设置在建筑内经常有人通行处的防火门宜采用常开防火门。常开防火门应能在火灾时自行关闭，并应具有信号反馈的功能。

（5）一、二级耐火等级建筑内疏散门或安全出口不少于2个的观众厅、展览厅、多功能厅、餐厅、营业厅等，其室内任一点至最近疏散门或安全出口的直线距离不应大于30m；当疏散门不能直通室外地面或疏散楼梯间时，应采用长度不大于10m的疏散走道通至最近的安全出口。当该场所设置自动喷水灭火系统时，室内任一点至最近安全出口的安全疏散距离可分别增加25%。

（6）除另有规定外，公共建筑内疏散门和安全出口的净宽度不应小于0.9m，疏散走道和疏散楼梯的净宽度不应小于1.1m。人员密集的公共场所的疏散门不应设置门槛，其净宽度不应小于1.4m，且紧靠门口内、外各1.4m范围内不应设置踏步。人员密集的公共场所的室外疏散通道的净宽度不应小于3m，并应直接通向宽敞地带。

（7）自动扶梯和电梯不应计作安全疏散设施。公共建筑内的客、货电梯宜设置电梯候梯厅，不宜直接设置在营业厅、展览厅、多功能厅等场所内。

（8）直通疏散走道的房间疏散门至最近安全出口的直线距离不应大于表1-3-3的规定。

表1-3-3　直通疏散走道的房间门至最近安全出口的直线距离　　　　（m）

名称			位于两个安全出口之间的疏散门			位于袋形走道两侧或尽端的疏散门		
			一、二级	三级	四级	一、二级	三级	四级
托儿所、幼儿园、老年人建筑			25	20	15	20	15	10
歌舞娱乐放映游艺场所			25	20	15	9	—	—
医疗建筑	单、多层		35	30	25	20	15	10
	高层	病房部分	24	—	—	12	—	—
		其他部分	30	—	—	15	—	—

续表

名称		位于两个安全出口之间的疏散门			位于袋形走道两侧或尽端的疏散门		
		一、二级	三级	四级	一、二级	三级	四级
教学建筑	单、多层	35	30	25	22	20	10
	高层	30	—	—	15	—	—
高层旅馆、展览建筑		30	—	—	15	—	—
其他建筑	单、多层	40	35	25	22	20	15
	高层	40	—	—	20	—	—

注：1. 建筑内开向敞开式外廊的房间疏散门至最近安全出口的直线距离可按本表的规定增加 5m。
　　2. 直通疏散走道的房间疏散门至最近敞开楼梯间的直线距离，当房间位于两个楼梯间之间时，应按本表的规定减小 5m；当房间位于袋形走道两侧或尽端时，应按本表的规定减小 2m。
　　3. 建筑物内全部设置自动喷水灭火系统时，其安全疏散距离可按本表的规定增加 25％。

（9）楼梯间应在首层直通室外，确有困难时，可在首层采用扩大的封闭楼梯间或防烟楼梯间前室。当层数不超过 4 层且未采用扩大的封闭楼梯间或防烟楼梯间前室时，可将直通室外的门设置在离楼梯间不大于 15m 处。

（10）房间内任一点至房间直通疏散走道的疏散门的直线距离，不应大于表 1-3-3 规定的袋形走道两侧或尽端的疏散门至最近安全出口的直线距离。

（11）一、二级耐火等级建筑内疏散门或安全出口不少于 2 个的观众厅、展览厅、多功能厅、餐厅、营业厅等，其室内任一点至最近疏散门或安全出口的直线距离不应大于 30m；当疏散门不能直通室外地面或疏散楼梯间时，应采用长度不大于 10m 的疏散走道通至最近的安全出口。当该场所设置自动喷水灭火系统时，室内任一点至最近安全出口的安全疏散距离可分别增加 25％。

（五）建筑内部装修

（1）地上建筑的水平疏散走道和安全出口的门厅，其顶棚应采用 A 级装修材料，其他部位应采用不低于 B₁ 级的装修材料；地下民用建筑的疏散走道和安全出口的门厅，其顶棚、墙面和地面均应采用 A 级装修材料。

（2）消防水泵房、机械加压送风排烟机房、固定灭火系统钢瓶间、配电室、变压器室、发电机房、储油间、通风和空调机房等，其内部所有装修均应采用 A 级装修材料。

（3）消防控制室等重要房间，其顶棚和墙面应采用 A 级装修材料，地面及其他装修应采用不低于 B₁ 级的装修材料。

（4）建筑物内的厨房，其顶棚、墙面、地面均应采用 A 级装修材料。

（5）经常使用明火器具的餐厅、科研实验室，其装修材料的燃烧性能等级除 A 级外，应在表 1-3-4 规定的基础上提高一级。

（6）民用建筑内的库房或储藏间，其内部所有装修除应符合相应场所规定外，应采用不低于 B₁ 级的装修材料。

（7）单层、多层民用建筑内部各部位装修材料的燃烧性能等级，不应低于表 1-3-4 的规定。

表 1-3-4　单、多层民用建筑内部各部位装修材料的燃烧性能等级

序号	建筑物及场所	建筑规模、性质	装修材料燃烧性能等级					装饰织物		其他装饰材料
			顶棚	墙面	地面	隔断	固定家具	窗帘	帷幕	
1	候机楼的候机大厅、贵宾候机室、售票厅、商店、餐饮场所等		A	A	B₁	B₁	B₁	B₁		B₁
2	汽车站、火车站、轮船客运站的候车（船）室、商店、餐饮场所等	建筑面积>10000m²	A	A	B₁	B₁	B₁	B₁		B₂
		建筑面积≤10000m²	A	B₁	B₁	B₁	B₁	B₁		B₂
3	观众厅、会议室、多功能厅、等候厅等	每个厅建筑面积>400m²	A	A	B₁	B₁	B₁	B₁	B₁	B₁
		每个厅建筑面积≤400m²	A	B₁	B₁	B₂	B₁	B₁	B₁	B₂
4	体育馆	>3000座位	A	A	B₁	B₁	B₁	B₁	B₁	B₁
		≤3000座位	A	B₁	B₁	B₂	B₂	B₂	B₁	B₂
5	商店的营业厅	每层建筑面积>1500m²或总建筑面积>3000m²	A	B₁	B₁	B₁	B₁	B₁	—	B₂
		每层建筑面积≤1500m²或总建筑面积≤3000m²	A	B₁	B₁	B₂	B₂	B₁	—	B₂
6	宾馆、饭店的客房及公共活动用房等	设置送回风道（管）的集中空调系统	A	B₁	B₁	B₂	B₂	B₂	—	B₂
		其他	B₁	B₁	B₂	B₂	B₂	B₂	—	—
7	养老院、托儿所、幼儿园、居住及活动场所	—	A	A	B₁	B₂	B₂	B₁	—	B₂
8	医院病房区、诊疗区、手术区	—	A	A	B₁	B₁	B₂	B₁	—	B₂
9	教学场所、教学试验场所	—	A	B₁	B₂	B₂	B₂	B₂	B₂	B₂
10	纪念馆、展览馆、博物馆、图书馆、档案馆、资料馆等的公众活动场所	—	A	B₁	B₁	B₂	B₂	B₁	—	B₂
11	存放文物、纪念展览物品、重要图书、档案、资料的场所	—	A	A	B₁	B₁	B₂	B₁	—	B₂
12	歌舞娱乐游艺场所	—	A	B₁	B₁	B₁	B₁	B₁	B₁	B₁
13	A、B级电子信息系统机房及装有重要机器仪器的房间	—	A	A	B₁	B₁	B₂	B₁	—	B₂
14	餐饮场所	营业面积>100m²	A	B₁	B₁	B₁	B₁	B₂	—	B₂
		营业面积≤100m²	B₁	B₁	B₁	B₂	B₂	B₂	—	B₂
15	办公场所	设置送回风道（管）的集中空调系统	A	B₁	B₁	B₂	B₂	B₁	—	B₂
		其他	B₁	B₁	B₂	B₂	B₂	—	—	—
16	住宅	—	B₁	B₁	B₁	B₁	B₂	B₂	—	B₂

注：序号为 11～13 规定的部位外，单层、多层民用建筑内面积小于 100m² 的房间，当采用耐火极限不低于 2.00h 的防火隔墙和甲级防火门、窗与其他部位分隔时，其装修材料的燃烧性能等级可在本表的基础上降低一级。

当单、多层民用建筑需做内部装修的空间内装有自动灭火系统时，除顶棚外，其内部装修材料的燃烧性能等级可在表1-3-4规定的基础上降低一级；当同时装有火灾自动报警装置和自动灭火系统时，其装修材料的燃烧性能等级可在表1-3-4规定的基础上降低一级。

该购物中心为多层建筑，其内部装修根据表格取值，健身房、KTV属于歌舞娱乐游艺场所，其装修材料燃烧性能按表格要求执行，不应降级。

三、练习题

根据以上材料，回答下列问题：

1. 确定该建筑的高度和建筑类别。
2. 该建筑的防火分区划分是否符合规定？说明理由。
3. 指出该建筑平面布置方面存在的问题，并说明理由。
4. 确定地下一层疏散楼梯的总净宽度，并写出计算过程（地下一层商店营业厅的人员密度为0.60人/m²）。
5. 电影院观众厅疏散门不能直通疏散楼梯间，通过一个10m的疏散走道通至最近的安全出口，那么室内任一点到达疏散楼梯间的疏散距离最大为多少米？说明理由。
6. 指出五层各场所在内部装修采用的材料是否合理，并简述理由。

【参考答案】

1. 答：

该建筑高度为23.2m，属于多层公共建筑。

理由：800÷5000＜1/4，局部凸出屋顶的辅助用房占屋面面积不大于1/4时，不需要计入建筑高度，女儿墙高度不计入建筑高度。因此该建筑高度为22.4－（－0.8）＝23.2（m），属于多层公共建筑。

2. 答：

1）地上部分防火分区符合要求。

理由：耐火等级为二级的多层民用建筑防火分区最大允许建筑面积为2500m²，设置自动喷水灭火系统为5000m²。可划分1个防火分区。

2）地下一层防火分区不符合要求。

理由：营业厅设置在地下满足设置自动灭火系统和火灾自动报警系统并采用不燃或难燃材料装修条件时，每个防火分区的最大允许建筑面积为2000m²。5000m²应划分3个防火分区。

3）地下二层防火分区不符合要求。

理由：按背景要求，设备间（800m²）为1个防火分区，则展览厅的面积为4200m²，当设置自动灭火系统和火灾自动报警系统并采用不燃或难燃材料装修时，每个防火分区的最大允许建筑面积为2000m²，因此展览厅应划分3个防火分区。地下2层应为4个防火分区。

3. 答：

1）地下一层超市经营硫黄、漂白粉不符合要求。

理由：地下或半地下营业厅、展览厅不得经营、储存和展示甲、乙类火灾危险性物品。

2）地上五层设置了一个儿童游乐厅不符合要求。

理由：儿童活动场所设置在一、二级耐火等级建筑内，应布置在首层、二层或三层。

3）地上五层电影院与其他部位采用乙级防火门分隔不符合要求；未设置独立的安全出口和疏散楼梯不符合要求。

理由：电影院确需设置在其他民用建筑内时，应采用耐火极限不低于 2.00h 的防火隔墙和甲级防火门与其他区域分隔，至少应设置 1 个独立的安全出口和疏散楼梯。

4）KTV 每个厅室的建筑面积均为 $220m^2$ 不符合要求。

理由：歌舞娱乐放映游艺场所布置在四层及以上时，一个厅室面积不应大于 $200m^2$。

4. 答：

地下一层疏散楼梯的总净宽度为 31.5m。计算过程如下：

超市的疏散人数＝3000×0.6＝1800（人），家具区的疏散人数＝2000×0.6＝1200（人）。故地下一层疏散人数为 1800＋1200＝3000（人）。

地下二层疏散人数＝4200×0.75＝3150（人）。

地下或半地下人员密集的厅、室疏散楼梯的总净宽度，应按每 100 人不小于 1.00m 计算确定。

地下一层疏散楼梯的总净宽度＝3150×1/100＝31.50（m）。

5. 答：

室内任一点到达疏散楼梯间的直线距离最大为 47.5m。

理由：本题中已明确疏散走道为 10m，不能再乘以 25%，所以计算如下：

30×1.25＋10＝47.5（m）。

6. 答：

（1）五层的疏散走道地面、电影院内台阶为阻燃地毯，合理。

理由：阻燃地毯为 B_1 地面材料，疏散走道地面为 B_1 材料，符合规范要求。

（2）儿童游乐厅地面为氯丁橡胶地板，合理。

理由：氯丁橡胶地板为 B_1 地面材料，符合规范要求。

（3）电影院、商场办公室和会议室地面均为木质地板，合理；健身房、KTV 地面均为木质地板，不合理。

理由：木质地板为 B_2 地面材料，电影院、健身房、KTV 和会议室地面应为 B_1 级材料，由于该场所设置了室内外消火栓系统、自动喷水灭火系统和火灾自动报警系统等消防设施及器材，所以电影院、商场办公室和会议室地面木质地板合理，但健身房、KTV 不能降低。

（4）电影院墙面贴有墙布，合理。

理由：墙布为 B_2 材料，电影院墙面应为 B_1 级材料，由于该场所设置了室内外消火栓系统、自动喷水灭火系统和火灾自动报警系统等消防设施及器材，所以可以为 B_2 级材料。

（5）KTV 墙面贴有墙布，不合理。

理由：墙布为 B_2 级材料，该 KTV 墙面应采用不低于 B_1 级材料，KTV 属于歌舞娱乐场所，设置自动喷水灭火系统和火灾自动报警系统也不能降低为 B₂级材料。

（6）顶棚均为石膏板，合理。

理由：石膏板不燃为 A 级材料，符合规范要求。

案例四　一类高层综合楼防火案例分析

一、情景描述

某综合楼，地上 12 层，局部 13 层，地下 3 层。首层室内地坪标高为 ±0.000m，室外地坪标高为 −0.300m，屋顶为平屋面。首层层高为 4.5m，其他各层层高均为 4.0m，顶层建筑面积为 200m²，其他各层建筑面积均为 2000m²。建筑楼板、梁和柱的耐火极限分别为 1.50h、2.00h 和 2.50h。

该综合楼一至三层为商场，由 200m² 的中庭上下连通，中庭与周围连通空间的防火分隔采用耐火完整性 2.00h 的非隔热性防火玻璃墙；四层为电影院，共 4 个厅，其中最大的一个厅建筑面积为 700m²，其他 3 个厅均为 400m²，顶棚采用轻钢龙骨加纸面石膏板，墙面采用矿棉吸声板，地面采用 PVC 卷材地板；五层为 KTV，其中最大的包间为 250m²，4 个中包间面积均为 80m²，其他房间面积均小于 50m²，其内部装修顶棚和墙面均采用玻璃棉装饰吸声板，地面采用木地板氯纶地毯；六层分为跆拳道培训机构和拉丁舞培训机构，对 3 岁以上儿童进行招生；七至十二层为办公楼，办公室采用木龙骨加纸面石膏板作吊顶；十三层为风机、电梯机房等设备间。

地下一层是超市，地下二层的 1400m² 是超市，超市上下层之间用自动扶梯相连，做了防火分隔。地下二层其余部分是设备用房，单独划分了防火分区，其中布置消防控制室、变压器室、柴油发电机房和消防水泵房等，各设备室均采用甲级防火门。地下三层是汽车库。

该建筑设置了 1 部消防电梯，从地下二层直通至顶层；在地上三层以上每层设有消防救援窗。该建筑防火设计的其他事项均符合国家标准。

二、关键知识点及依据

（一）建筑高度的计算

（1）本案例综合楼建筑高度的计算应符合下列规定：

1）建筑屋面为坡屋面时，建筑高度应为建筑室外设计地面至其檐口与屋脊的平均高度。

2）建筑屋面为平屋面（包括有女儿墙的平屋面）时，建筑高度应为建筑室外设计地面至其屋面面层的高度。

3）同一座建筑有多种形式的屋面时，建筑高度应按上述方法分别计算后，取其中最大值。

4）对于台阶式地坪，当位于不同高程地坪上的同一建筑之间有防火墙分隔，各自有符合规范规定的安全出口，且可沿建筑的两个长边设置贯通式或尽头式消防车道时，可分别计算各自的建筑高度。否则，应按其中建筑高度最大者确定该建筑的建筑高度。

5）局部突出屋顶的瞭望塔、冷却塔、水箱间、微波天线间或设施、电梯机房、排风和排烟机房及楼梯出口小间等辅助用房占屋面面积不大于 1/4 者，可不计入建筑高度。

6）对于住宅建筑，设置在底部且室内高度不大于 2.2m 的自行车库、储藏室、敞开空间，室内外高差或建筑的地下或半地下室的顶板板面高出室外设计地面的高度不大于 1.5m 的部分，可不计入建筑高度。

（2）建筑层数应按建筑的自然层数计算，下列空间可不计入建筑层数：

1）室内顶板板面高出室外设计地面的高度不大于 1.5m 的地下或半地下室；

2）设置在建筑底部且室内高度不大于 2.2m 的自行车库、储藏室、敞开空间；

3）建筑屋顶上突出的局部设备用房、出屋面的楼梯间等。

该建筑的建筑高度＝0.3＋4.5＋4.0×11＝48.8（m）。

（二）建筑分类和耐火构件

（1）民用建筑根据其建筑高度和层数可分为单、多层民用建筑和高层民用建筑。高层民用建筑根据其建筑高度、使用功能和楼层的建筑面积分为一类和二类。民用建筑的分类应符合表 1-4-1 的规定。

表 1-4-1　民用建筑的分类

名称	高层民用建筑		单、多层民用建筑
	一类	二类	
住宅建筑	建筑高度大于 54m 的住宅建筑（包括设置商业服务网点的住宅建筑）	建筑高度大于 27m，但不大于 54m 的住宅建筑（包括设置商业服务网点的住宅建筑）	建筑高度不大于 27m 的住宅建筑（包括设置商业服务网点的住宅建筑）
公共建筑	1. 建筑高度大于 50m 的公共建筑； 2. 建筑高度 24m 以上部分任一楼层建筑面积大于 1000m² 的商店、展览、电信、邮政、财贸金融建筑和其他多种功能组合的建筑； 3. 医疗建筑、重要公共建筑、独立建造的老年人照料设施； 4. 省级及以上的广播电视和防灾指挥调度建筑、网局级和省级电力调度建筑； 5. 藏书超过 100 万册的图书馆、书库	除一类高层公共建筑外的其他高层公共建筑	1. 建筑高度大于 24m 的单层公共建筑； 2. 建筑高度不大于 24m 的其他公共建筑

注：1. 宿舍、公寓等非住宅类居住建筑的防火要求，应符合现行《建筑设计防火规范》（GB 50016）有关公共建筑的规定；

2. 除规范另有规定外，裙房的防火要求应符合现行《建筑设计防火规范》（GB 50016）有关高层民用建筑的规定。

该综合楼高度为 48.8m，属于一类高层公共建筑。

（2）民用建筑的耐火等级可分为一、二、三、四级。除规范另有规定外，不同耐火等级建筑相应构件的燃烧性能和耐火极限不应低于表 1-4-2 的规定。

表 1-4-2 不同耐火等级建筑相应构件的燃烧性能和耐火极限 (h)

构件名称		耐火等级			
		一级	二级	三级	四级
墙	防火墙	不燃性 3.00	不燃性 3.00	不燃性 3.00	不燃性 3.00
	承重墙	不燃性 3.00	不燃性 2.50	不燃性 2.00	难燃性 0.50
	非承重外墙	不燃性 1.00	不燃性 1.00	不燃性 0.50	可燃性
	楼梯间和前室的墙,电梯井的墙,住宅建筑单元之间的墙和分户墙	不燃性 2.00	不燃性 2.00	不燃性 1.50	难燃性 0.5
	疏散走道两侧的隔墙	不燃性 1.00	不燃性 1.00	难燃性 0.50	难燃性 0.25
	房间隔墙	不燃性 0.75	不燃性 0.50	难燃性 0.50	难燃性 0.25
柱		不燃性 3.00	不燃性 2.50	不燃性 2.00	难燃性 0.50
梁		不燃性 2.00	不燃性 1.50	不燃性 1.00	难燃性 0.50
楼板		不燃性 1.50	不燃性 1.00	不燃性 0.50	可燃性
屋顶承重构件		不燃性 1.50	不燃性 1.00	可燃性	可燃性
疏散楼梯		不燃性 1.50	不燃性 1.00	不燃性 0.50	可燃性
吊顶(包括吊顶格栅)		不燃性 0.25	难燃性 0.25	难燃性 0.15	可燃性

注:除规范另有规定外,以木柱承重且墙体采用不燃材料的建筑,其耐火等级应按四级确定。

(3)民用建筑的耐火等级应根据其建筑高度、使用功能、重要性和火灾扑救难度等确定,并应符合下列规定:

1)地下或半地下建筑(室)和一类高层建筑的耐火等级不应低于一级;

2)单、多层重要公共建筑和二类高层建筑的耐火等级不应低于二级。

(4)建筑高度大于100m的民用建筑,其楼板的耐火极限不应低于2.00h。

(5)一、二级耐火等级建筑的上人平屋顶,其屋面板的耐火极限分别不应低于1.50h和1.00h。

(6)二级耐火等级建筑内采用难燃性墙体的房间隔墙,其耐火极限不应低于0.75h;当房间的建筑面积不大于100m² 时,房间隔墙可采用耐火极限不低于0.50h的难燃性墙体或耐火极限不低于0.30h的不燃性墙体。

(7)二级耐火等级多层住宅建筑内采用预应力钢筋混凝土的楼板,其耐火极限不应低于0.75h。

该综合楼为一类高层公共建筑,耐火等级不低于一级,其柱耐火极限不应低于二级3.00h。

(三)综合楼的防火分区

(1)除规范另有规定外,案例中综合楼建筑的允许建筑高度或层数、防火分区最大允许建筑面积应符合表1-4-3的规定。

表 1-4-3　不同耐火等级建筑的允许建筑高度或层数、防火分区最大允许建筑面积

名称	耐火等级	允许建筑高度或层数	防火分区的最大允许建筑面积（m²）	备注
高层民用建筑	一、二级	根据建筑分类确定	1500	对于体育馆、剧场的观众厅，防火分区的最大允许建筑面积可适当增加
单、多层民用建筑	一、二级	根据建筑分类确定	2500	
	三级	5层	1200	—
	四级	2层	600	—
地下或半地下建筑（室）	一级	—	500	设备用房的防火分区最大允许建筑面积不应大于1000m²

注：1. 表中规定的防火分区最大允许建筑面积，当建筑内设置自动灭火系统时，可按本表的规定增加1.0倍；局部设置时，防火分区的增加面积可按该局部面积的1.0倍计算。

2. 裙房与高层建筑主体之间设置防火墙时，裙房的防火分区可按单、多层建筑的要求确定。

（2）建筑内设置自动扶梯、敞开楼梯等上、下层相连通的开口时，其防火分区的建筑面积应按上、下层相连通的建筑面积叠加计算；当叠加计算后的建筑面积大于表1-4-3的规定时，应划分防火分区。

（3）建筑内设置中庭时，其防火分区的建筑面积应按上、下层相连通的建筑面积叠加计算，当叠加计算后的建筑面积大于表1-4-3的规定时，应符合下列规定：

与周围连通空间应进行防火分隔：采用防火隔墙时，其耐火极限不应低于1.00h；采用防火玻璃墙时，其耐火隔热性和耐火完整性不应低于1.00h，采用耐火完整性不低于1.00h的非隔热性防火玻璃墙时，应设置自动喷水灭火系统进行保护；采用防火卷帘时，其耐火极限不应低于3.00h，并应符合规范规定；与中庭相连通的门、窗，应采用火灾时能自行关闭的甲级防火门、窗。

（4）设在建筑物内的汽车库（包括屋顶停车场）、修车库与其他部位之间，应采用防火墙和耐火极限不低于2.00h的不燃性楼板分隔。

该综合楼地上部分防火分区面积不大于1500m²，地下部分不大于500m²，设自动灭火系统时防火分区面积可增加一倍。

（四）平面布置

（1）歌舞厅、录像厅、夜总会、卡拉OK厅（含具有卡拉OK功能的餐厅）、游艺厅（含电子游艺厅）、桑拿浴室（不包括洗浴部分）、网吧等歌舞娱乐放映游艺场所（不含剧场、电影院）的布置应符合下列规定：

1）不应布置在地下二层及以下楼层；

2）宜布置在一、二级耐火等级建筑内的首层、二层或三层的靠外墙部位；

3）不宜布置在袋形走道的两侧或尽端；

4）确需布置在地下一层时，地下一层的地面与室外出入口地坪的高差不应大于10m；

5）确需布置在地下或地上四层及以上楼层时，一个厅、室的建筑面积不应大于 200m²；

6）厅、室之间及与建筑的其他部位之间，应采用耐火极限不低于 2.00h 的防火隔墙和 1.00h 的不燃性楼板分隔，设置在厅、室墙上的门和该场所与建筑内其他部位相通的门均应采用乙级防火门。

（2）托儿所、幼儿园的儿童用房和儿童游乐厅等儿童活动场所宜设置在独立的建筑内，且不应设置在地下或半地下；当采用一、二级耐火等级的建筑时，不应超过三层；采用三级耐火等级的建筑时，不应超过二层；采用四级耐火等级的建筑时，应为单层。确需设置在其他民用建筑内时，应符合下列规定：

1）设置在一、二级耐火等级的建筑内时，应布置在首层、二层或三层；

2）设置在三级耐火等级的建筑内时，应布置在首层或二层；

3）设置在四级耐火等级的建筑内时，应布置在首层；

4）设置在高层建筑内时，应设置独立的安全出口和疏散楼梯；

5）设置在单、多层建筑内时，宜设置独立的安全出口和疏散楼梯。

该综合楼中儿童场所只能在地上建筑内，且不应设在四层及以上楼层。

（3）剧场、电影院、礼堂宜设置在独立的建筑内；采用三级耐火等级建筑时，不应超过 2 层；确需设置在其他民用建筑内时，至少应设置 1 个独立的安全出口和疏散楼梯，并应符合下列规定：

1）应采用耐火极限不低于 2.00h 的防火隔墙和甲级防火门与其他区域分隔。

2）设置在一、二级耐火等级的建筑内时，观众厅宜布置在首层、二层或三层；确需布置在四层及以上楼层时，一个厅、室的疏散门不应少于 2 个，且每个观众厅的建筑面积不宜大于 400m²。

3）设置在三级耐火等级的建筑内时，不应布置在三层及以上楼层。

4）设置在地下或半地下时，宜设置在地下一层，不应设置在地下三层及以下楼层。

5）设置在高层建筑内时，应设置火灾自动报警系统及自动喷水灭火系统等自动灭火系统。

（4）布置在民用建筑内的柴油发电机房应符合下列规定：

1）宜布置在首层或地下一层、二层。

2）不应布置在人员密集场所的上一层、下一层或贴邻。

3）应采用耐火极限不低于 2.00h 的防火隔墙和 1.50h 的不燃性楼板与其他部位分隔，门应采用甲级防火门。

4）机房内设置储油间时，其总储存量不应大于 1m³，储油间应采用耐火极限不低于 3.00h 的防火隔墙与发电机间分隔；确需在防火隔墙上开门时，应设置甲级防火门。

5）应设置火灾报警装置。

6）应设置与柴油发电机容量和建筑规模相适应的灭火设施，当建筑内其他部位设置自动喷水灭火系统时，机房内应设置自动喷水灭火系统。

（5）燃油或燃气锅炉、油浸变压器、充有可燃油的高压电容器和多油开关等，宜设置在建筑外的专用房间内；确需贴邻民用建筑布置时，应采用防火墙与所贴邻的建筑分隔，且不应贴邻人员密集场所，该专用房间的耐火等级不应低于二级。确需布置在民用建筑内时，不应布置在人员密集场所的上一层、下一层或贴邻，并应符合下列规定：

1）燃油或燃气锅炉房、变压器室应设置在首层或地下一层的靠外墙部位，但常（负）压燃油或燃气锅炉可设置在地下二层或屋顶上。设置在屋顶上的常（负）压燃气锅炉，距离通向屋面的安全出口不应小于6m。采用相对密度（与空气密度的比值）不小于0.75的可燃气体为燃料的锅炉，不得设置在地下或半地下。

2）锅炉房、变压器室的疏散门均应直通室外或安全出口。

3）锅炉房、变压器室等与其他部位之间应采用耐火极限不低于2.00h的防火隔墙和1.50h的不燃性楼板分隔。在隔墙和楼板上不应开设洞口，确需在隔墙上设置门、窗时，应采用甲级防火门、窗。

4）变压器室之间、变压器室与配电室之间，应设置耐火极限不低于2.00h的防火隔墙。

5）油浸变压器、多油开关室、高压电容器室，应设置防止油品流散的设施。油浸变压器下面应设置能储存变压器全部油量的事故储油设施。

6）应设置火灾报警装置。

7）应设置与锅炉、变压器、电容器和多油开关等的容量及建筑规模相适应的灭火设施，当建筑内其他部位设置自动喷水灭火系统时，应设置自动喷水灭火系统。

（6）消防控制室的设置应符合下列规定：

1）单独建造的消防控制室，其耐火等级不应低于二级；

2）附设在建筑内的消防控制室，宜设置在建筑内首层或地下一层，并宜布置在靠外墙部位；

3）不应设置在电磁场干扰较强及其他可能影响消防控制设备正常工作的房间附近；

4）疏散门应直通室外或安全出口；

5）消防控制室内的设备构成及其对建筑消防设施的控制与显示功能及向远程监控系统传输相关信息的功能，应符合现行《火灾自动报警系统设计规范》（GB 50116）和《消防控制室通用技术要求》（GB 25506）的规定。

（五）安全疏散

（1）该建筑内的安全出口和疏散门应分散布置，且建筑内每个防火分区或一个防火分区的每个楼层相邻两个安全出口及每个房间相邻两个疏散门最近边缘之间的水平距离不应小于5m。

（2）每个防火分区或一个防火分区的每个楼层，其安全出口的数量应经计算确定，且不应少于2个。

（3）除剧场、电影院、礼堂、体育馆外的其他公共建筑，其房间疏散门、安全出口、疏散走道和疏散楼梯的各自总净宽度，应符合下列规定：

1）每层的房间疏散门、安全出口、疏散走道和疏散楼梯的各自总净宽度，应根据疏散人数按每100人的最小疏散净宽度不小于表1-3-1的规定计算确定。当每层疏散人数不等时，疏散楼梯的总净宽度可分层计算，地上建筑内下层楼梯的总净宽度应按该层及以上疏散人数最多一层的人数计算；地下建筑内上层楼梯的总净宽度应按该层及以下疏散人数最多一层的人数计算。

2）地下或半地下人员密集的厅、室和歌舞娱乐放映游艺场所，其房间疏散门、安全出口、疏散走道和疏散楼梯的各自总净宽度，应根据疏散人数按每100人不小于1.00m计算确定。

3）首层外门的总净宽度应按该建筑疏散人数最多一层的人数计算确定，不供其他楼层人员疏散的外门，可按本层的疏散人数计算确定。

4）歌舞娱乐放映游艺场所中录像厅的疏散人数，应根据厅、室的建筑面积按不小于 1.0 人/m² 计算；其他歌舞娱乐放映游艺场所的疏散人数，应根据厅、室的建筑面积按不小于 0.5 人/m² 计算。

5）商店的疏散人数应按每层营业厅的建筑面积乘以表 1-4-4 规定的人员密度计算。对于建材商店、家具和灯饰展示建筑，其人员密度可按表 1-4-4 规定值的 30% 确定。

表 1-4-4　商店营业厅内的人员密度　　　　　　　　　（人/m²）

楼层位置	地下第二层	地下第一层	地上第一层、第二层	地上第三层	地上第四层及以上各层
人员密度	0.56	0.60	0.43～0.60	0.39～0.54	0.30～0.42

注：确定人员密度值时，应考虑商店的建筑规模，当建筑规模较小（比如营业厅的建筑面积小于 3000m²）时宜取上限值，当建筑规模较大时，可取下限值。当一座商店建筑内设置有多种商业用途时，考虑到不同用途区域可能随经营状况或经营者的变化而变化，尽管部分区域可能用于家具、建材经销等类似用途，但人员密度仍需要按照该建筑的主要商业用途来确定，不能再按照上述方法折减。

（六）高层民用建筑内部装修

高层民用建筑内部各部位装修材料的燃烧性能等级，不应低于现行《建筑设计防火规范》（GB 50016）的规定，见表 1-4-5。

表 1-4-5　高层民用建筑内部各部位装修材料的燃烧性能等级

序号	建筑物及场所	建筑规模、性质	顶棚	墙面	地面	隔断	固定家具	窗帘	帷幕	床罩	家具包布	其他装饰材料
1	候机楼的候机大厅、贵宾候机室、售票厅、商店、餐饮场所等	—	A	A	B₁	B₁	B₁	B₁	—	—	—	B₁
2	汽车站、火车站、轮船客运站的候车（船）室、商店、餐饮场所等	建筑面积＞10000m²	A	B₁	B₁	B₁	B₁	B₁	—	—	—	B₂
		建筑面积≤10000m²	A	B₁	B₁	B₁	B₁	B₁	—	—	—	B₂
3	观众厅、会议室、多功能厅、等候厅等	每个厅建筑面积＞400m²	A	A	B₁	B₁	B₁	B₁	B₁	—	B₁	B₁
		每个厅建筑面积≤400m²	A	B₁	B₁	B₁	B₂	B₁	B₁	—	B₁	B₁
4	商店的营业厅	每层建筑面积＞1500m² 或总建筑面积＞3000m²	A	B₁	B₁	B₁	B₁	B₁	—	—	B₁	B₁
		每层建筑面积≤1500m² 或总建筑面积≤3000m²	A	B₁	B₁	B₁	B₂	B₁	—	—	B₂	B₂

续表

序号	建筑物及场所	建筑规模、性质	装修材料燃烧性能等级					装饰织物				其他装饰材料
			顶棚	墙面	地面	隔断	固定家具	窗帘	帷幕	床罩	家具包布	
5	宾馆、饭店的客房及公共活动用房等	一类建筑	A	B_1	B_1	B_1	B_2	B_1	—	B_1	B_2	B_1
		二类建筑	A	B_1	B_1	B_1	B_2	B_2	—	B_2	B_2	B_2
6	养老院、托儿所、幼儿园、居住及活动场所	—	A	A	B_1	B_1	B_2	B_1	—	B_2	B_2	B_1
7	医院病房区、诊疗区手术区	—	A	A	B_1	B_1	B_2	B_1		B_1	B_1	B_1
8	教学场所、教学试验场所	—	A	B_1	B_2	B_2	B_2	B_1	—	B_2	B_1	B_2
9	纪念馆、展览馆、博物馆、图书馆、档案馆、资料馆等的公众活动场所	一类建筑	A	B_1	B_1	B_1	B_2	B_1	—	—	B_1	B_1
		二类建筑	A	B_1	B_1	B_2	B_2	B_2	—	—	B_2	B_2
10	餐饮场所	—	A	B_1	B_1	B_1	B_2	B_1	—	—	B_1	B_2
11	办公场所	一类建筑	A	B_1	B_1	B_1	B_2	B_1	—	—	B_1	B_1
		二类建筑	A	B_1	B_2	B_2	B_2	B_2	—	—	B_2	B_2
12	存放文物、纪念展览物品、重要图书、档案资料的场所	—	A	A	B_1	B_1	B_2	B_1	—	—	B_1	B_2
13	歌舞娱乐游艺场所	—	A	B_1	B_1	B_1	B_1	B_1	B_1	B_1	B_1	B_1
14	A、B级电子信息系统机房及装有重要机器仪器的房间	—	A	A	B_1	B_1	B_2	B_1	—	—	B_1	B_1
15	住宅	—	A	B_1	B_1	B_1	B_2	B_1	—	B_1	B_2	B_1

除规范规定的特殊场所和规范表 1-4-5 中序号为 10~12 规定的部位外，以及大于 $400m^2$ 的观众厅、会议厅和 100m 以上的高层民用建筑外，当设有火灾自动报警装置和自动灭火系统时，除顶棚外，其内部装修材料的燃烧性能等级可在表 1-4-5 规定的基础上降低一级。

该购物中心为高层建筑，其内部装修根据表格取值，KTV 属于歌舞娱乐游艺场所，其装修材料燃烧性能按表格要求执行，不应降级。

（七）灭火救援设施

（1）公共建筑的外墙应在每层的适当位置设置可供消防救援人员进入的窗口。供消防救援人员进入的窗口的净高度和净宽度均不应小于 1.0m，下沿距室内地面不宜大于 1.2m，间距不宜大于 20m 且每个防火分区不应少于 2 个，设置位置应与消防车登高操作场地相对应。窗口的玻璃应易于破碎，并应设置可在室外易于识别的明显标志。

（2）下列建筑应设置消防电梯：

1）建筑高度大于 33m 的住宅建筑；

2）一类高层公共建筑和建筑高度大于 32m 的二类高层公共建筑、5 层及以上且总建筑面积大于 3000m² （包括设置在其他建筑内五层及以上楼层）的老年人照料设施；

3）设置消防电梯的建筑的地下或半地下室，埋深大于 10m 且总建筑面积大于 3000m² 的其他地下或半地下建筑（室）。

该建筑属于一类高层公共建筑，应设置消防电梯。

三、练习题

根据以上材料，回答下列问题：

1. 该综合楼的建筑高度是多少？写出计算过程。按现行《建筑设计防火规范》（GB 50016）分为哪类？

2. 指出该建筑在结构耐火方面的问题，并简述理由。

3. 该建筑地下和地上至少划分几个防火分区？说明理由。指出该建筑防火分隔方面的问题，并简述理由。

4. 指出该高层建筑在平面布置方面的问题，并简述理由。

5. 分别计算地下 1 层和地下 2 层疏散楼梯的最小总净宽度，并确定地下安全出口的总净宽度。

6. 指出该建筑在装修和灭火救援设施方面的问题，并简述理由。

【参考答案】

1. 答：

（1）200÷2000=1/10＜1/4，所以十三层不计入建筑高度。

建筑高度=0.3+4.5+4.0×11=48.8m。

（2）该综合楼是一类高层公共建筑。

2. 答：

（1）柱 2.50h。

理由：一级耐火等级建筑，柱不应低于 3.00h。

（2）办公室采用木龙骨加纸面石膏板作吊顶。

理由：木龙骨加纸面石膏板是难燃性吊顶，一级耐火等级建筑吊顶应为不燃性。

（3）地下停车库楼板 1.50h。

理由：不应低于 2.00h。

3. 答：

（1）地上每层划分 1 个防火分区。

理由：高层建筑每个防火分区面积不大于 1500m²，设自动喷水灭火系统的增加一倍（3000m²＞2000m²）。

（2）地下一层划分 2 个防火分区。

理由：地下每个防火分区面积不大于 500m²，设自动喷水灭火系统的增加一倍（1000m²）。

（3）地下二层划分 3 个防火分区。

理由：1400m² 超市划分 2 个防火分区，每个防火分区不大于 1000m²。设备用房划分一个防火分区（600m²＜1000m²）。

（4）地下三层划分 1 个防火分区。

理由：地下汽车停车库防火分区面积不大于 2000m²，设自动喷水灭火系统的增加一倍。

（5）中庭与周围连通空间的防火分隔采用耐火完整性 2.00h 的非隔热性防火玻璃墙。

理由：应采用隔热性防火玻璃墙，采用非隔热性防火玻璃墙时，应设置自动喷水灭火系统进行保护。

（6）地下三层与地下二层间的分隔楼板耐火等级极限为 1.50h。

理由：不应低于 2.00h。

4. 答：

（1）四层电影院最大厅 700m²。

理由：每个厅室的面积不大于 400m²。

（2）五层为 KTV，其中最大的包间为 250m²。

理由：每个厅室的面积不大于 200m²。

（3）六层分为跆拳道培训机构和拉丁舞培训机构，对 3 岁以上儿童进行招生。

理由：儿童活动场所不应设在四层及四层以上楼层。

（4）地下二层，布置消防控制室、变压器室和柴油发电机房。

理由：消防控制室放在首层或地下一层靠外墙部位。变压器室和柴油发电机房避开人密集场所的上、下层或贴邻。

5. 答：

地下一层总净宽度＝2000×0.60×1/100＝12（m）。

地下二层总净宽度＝1400×0.56×1/100＝7.84（m）。

地下安全出口的总净宽度为 12m。

6. 答：

（1）电影院最大一个厅建筑面积 700m²，墙面采用矿棉吸声板，地面采用 PVC 卷材地板。

理由：矿棉吸声板是 B₁ 级、PVC 卷材地板是 B₂ 级。观众厅建筑面积大于 400m²，墙面应采用 A 级、地面应采用 B₁ 级。

（2）KTV 顶棚采用玻璃棉装饰吸声板，地面采用木地板氯纶地毯。

理由：玻璃棉装饰吸声板是 B₁ 级、木地板氯纶地毯是 B₂ 级。高层 KTV 顶棚应采用 A 级、地面应采用 B₁ 级材料。

（3）消防电梯从地下二层直通至顶层。

理由：设置消防电梯的建筑的地下应设置消防电梯，地下三层停车场也应设置。

（4）在地上三层以上每层设有消防救援窗。

理由：公共建筑的外墙应在每层的适当位置设置可供消防救援人员进入的窗口。

第二篇 工业建筑防火案例分析

学习要求

通过本篇的学习，熟悉生产和储存物品的火灾危险性分类方法；掌握建筑构件的燃烧性能和耐火极限的相关知识及建筑耐火等级要求；熟悉防火间距不足时的防火技术措施；掌握防火间距的设置要求及建筑总平面布局和平面布局中重点部位、场所的设置要求；熟悉工业建筑安全疏散距离、安全出口、疏散门、疏散出口的设计要求，掌握疏散人数的确定方法和百人疏散宽度指标及楼梯间的设计要求。

案例五 植物油加工厂房防火案例分析

一、情景描述

某植物油加工厂房，地上 3 层，层高为 4.2m，地上每层建筑面积为 6000m²；地下 1 层，建筑面积为 1500m²。采用钢筋混凝土结构承重，建筑构件均为不燃材料，承重墙、柱、楼板、非承重外墙、房间隔墙、吊顶的耐火极限分别是 3.0h、1.5h、0.25h、0.75h、0.15h。地上部分每层划分 1 个防火分区，地下部分划分 1 个防火分区。

在地上一层设置 3 间员工宿舍和 1 间办公室，均采用 3.0h 的防爆墙和 1.5h 的楼板及甲级门与其他区域分隔，其中办公室设置 1 个疏散门，并通过员工宿舍通向室外。在一层西侧靠外墙部位设置 1 个存放 3d 用量的大豆油和油浸溶剂中间仓库。该中间仓库面积为 200m²，采用 3.0h 的防火隔墙和 1.5h 的楼板与其他部位分隔。第三层靠外墙部位设置一个建筑面积为 180m² 的植物油浸出车间。

厂房一至三层作业人数分别为 80 人、90 人、50 人，厂房沿东侧设置一部贯穿地上与地下的封闭楼梯，并在首层采用耐火极限为 2.0h 的防火隔墙和乙级防火门将地上与地下部分完全分隔，在顶部设置明显标志，楼梯净宽为 1.0m，楼梯间出口在 1 层直通室外；沿西侧外墙设置一部室外楼梯，楼梯扶手高度为 1.2m，楼梯平台采用不燃材料制作，平台耐火极限为 0.5h，梯段耐火极限为 0.15h，为了不占用楼梯平台的有效宽度，通向室外楼梯间的门采用向内开启的乙级防火门。

厂房内按照国家标准设置符合要求的消防设施和灭火救援设施，建筑总平面图如图 2-5-1 所示。

二、关键知识点及依据

（一）生产火灾危险性分类

厂房生产的火灾危险性应根据生产中使用或产生的物质性质及其数量等因素划分，

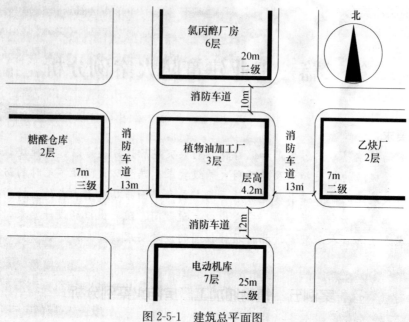

图 2-5-1 建筑总平面图

可分为甲、乙、丙、丁、戊类。

同一座厂房或厂房的任一防火分区内有不同火灾危险性生产时,厂房或防火分区内的生产火灾危险性类别应按火灾危险性较大的部分确定;当生产过程中使用或产生易燃、可燃物的量较少,不足以构成爆炸或火灾危险时,可按实际情况确定。当符合下述条件之一时,可按火灾危险性较小的部分确定:火灾危险性较大的生产部分占本层或本防火分区建筑面积的比率小于5%或丁、戊类厂房内的油漆工段小于10%,且发生火灾事故时不足以蔓延至其他部位或火灾危险性较大的生产部分采取了有效的防火措施;丁、戊类厂房内的油漆工段采用封闭喷漆工艺时,封闭喷漆空间内保持负压、油漆工段设置可燃气体探测报警系统或自动抑爆系统,且油漆工段占所在防火分区建筑面积的比率不大于20%。

根据《建筑设计防火规范》[GB 50016—2014(2018年版)],该厂房第三层建筑面积为180m² 的植物油浸出车间占植物油加工厂房防火分区的比率小于5%,厂房的危险性按火灾危险性较小的部分确定。因此,该植物油加工厂房为丙类1项。

该案例中植物油的浸出车间属于甲类1项,大豆油中间仓库火灾危险性属于丙类1项,油浸溶剂火灾危险性属于甲类1项。

(二)厂房的耐火等级

根据《建筑设计防火规范》[GB 50016—2014(2018年版)]的规定,高层厂房,甲、乙类厂房的耐火等级不应低于二级,建筑面积不大于300m² 的独立甲、乙类单层厂房可采用三级耐火等级的建筑。单、多层丙类厂房和多层丁、戊类厂房的耐火等级不应低于三级。使用或产生丙类液体的厂房和有火花、炙热表面、明火的丁类厂房,其耐火等级均不应低于二级;当为建筑面积不大于500m² 的单层丙类厂房或建筑面积不大于1000m² 的单层丁类厂房时,可采用三级耐火等级的建筑。高架仓库、高层仓库、甲类仓库、多层乙类仓库和储存可燃液体的多层丙类仓库，其耐火等级不应低于二级。单层乙类仓库，单层丙类仓库，储存可燃固体的多层丙类仓库和多层丁、戊类仓库，其耐火等级不应低于三级。

厂房的耐火等级可分为一、二、三、四级，本案例中植物油加工厂建筑构件均为不燃材料，承重墙、柱、楼板、非承重外墙、房间隔墙、吊顶的耐火极限分别是 3h、1.5h、0.25h、0.75h、0.15h。由于二级耐火等级建筑内采用不燃材料的吊顶，其耐火极限不限。因此，植物油加工厂耐火等级为二级。

（三）厂房防火分区的最大允许建筑面积

根据《建筑设计防火规范》[GB 50016—2014（2018 年版）]的规定，该植物油加工厂房地上部分每个防火分区的最大允许建筑面积不应大于 4000m²，地下每个防火分区最大允许建筑面积不应大于 500m²。

建筑面积大于 500m² 的地下或半地下丙类厂房应设置自动喷水灭火系统，因此该厂房地下每个防火分区最大允许建筑面积可按上述规定增加 1 倍，即不应超过 1000m²。

（四）厂房的防火间距

根据《建筑设计防火规范》[GB 50016—2014（2018 年版）]的规定，该植物油加工厂房与乙炔站的防火间距不应小于 12m。与氯丙醇厂房的防火间距不应小于 10m。与糖醛仓库的防火间距不应小于 12m。与电动车库的防火间距不应小于 13m。

（五）厂房的安全疏散

根据《建筑设计防火规范》[GB 50016—2014（2018 年版）]的规定，厂房内每个防火分区或一个防火分区内的每个楼层，其安全出口的数量应经计算确定，且不应少于 2 个；当丙类厂房每层建筑面积不大于 250m²，且同一时间的作业人数不超过 20 人时，可设置 1 个安全出口。因此，该厂房每个防火分区不应少于 2 个安全出口。

该厂房疏散楼梯的最小净宽度不宜小于 1.10m，疏散走道的最小净宽度不宜小于 1.40m，门的最小净宽度不宜小于 0.90m。

该厂房为丙类多层厂房，疏散楼梯应采用封闭楼梯间或室外楼梯。

该厂房室外疏散楼梯栏杆扶手的高度不应小于 1.10m，楼梯的净宽度不应小于 0.90m，倾斜角度不应大于 45°，梯段和平台均应采用不燃材料制作。平台的耐火极限不应低于 1.00h，梯段的耐火极限不应低于 0.25h，通向室外楼梯的门应采用乙级防火门，并应向外开启，除疏散门外，楼梯周围 2m 内的墙面上不应设置门、窗、洞口。疏散门不应正对梯段。

该厂房建筑的地下或半地下部分与地上部分不应共用楼梯间，确需共用楼梯间时，应在首层采用耐火极限不低于 2.00h 的防火隔墙和乙级防火门将地下或半地下部分与地上部分的连通部位完全分隔，并应设置明显的标志。

（六）厂房的平面布置

根据《建筑设计防火规范》[GB 50016—2014（2018 年版）]的规定，员工宿舍严禁设置在厂房内。

办公室、休息室设置在丙类厂房内时，应采用耐火极限不低于 2.50h 的防火隔墙和 1.00h 的楼板与其他部位分隔，并应至少设置 1 个独立的安全出口。隔墙上需开设相互连通的门时，应采用乙级防火门。

厂房内设置中间仓库时，应符合下列规定：

（1）甲、乙类中间仓库应靠外墙布置，其储量不宜超过1昼夜的需要量；

（2）甲、乙、丙类中间仓库应采用防火墙和耐火极限不低于1.50h的不燃性楼板与其他部位分隔；

（3）丁、戊类中间仓库应采用耐火极限不低于2.00h的防火隔墙和1.00h的楼板与其他部位分隔。

该厂房内严禁设置员工宿舍。办公室设置在丙类厂房内，应采用耐火极限不低于2.50h的防火隔墙和1.00h的楼板与其他部位分隔，应至少设置1个独立的安全出口。植物油加工厂房内的油浸溶剂为甲类中间仓库，储量不宜超过1昼夜需要量；大豆油和油浸溶剂中间仓库和厂房应采用防火墙和耐火极限不低于1.50h的不燃性楼板与其他部位分隔。

（七）厂房防爆

根据《建筑设计防火规范》［GB 50016—2014（2018年版）］的规定，厂房的防爆应符合以下要求：

（1）有爆炸危险的甲、乙类厂房宜独立设置，并宜采用敞开或半敞开式。其承重结构宜采用钢筋混凝土或钢框架、排架结构。

（2）有爆炸危险的厂房或厂房内有爆炸危险的部位应设置泄压设施。

（3）泄压设施宜采用轻质屋面板、轻质墙体和易于泄压的门、窗等，应采用安全玻璃等在爆炸时不产生尖锐碎片的材料。泄压设施的设置应避开人员密集场所和主要交通道路，并宜靠近有爆炸危险的部位。作为泄压设施的轻质屋面板和墙体的质量不宜大于 $60kg/m^2$。

屋顶上的泄压设施应采取防冰雪积聚措施。

（4）有爆炸危险的甲、乙类生产部位，宜布置在单层厂房靠外墙的泄压设施或多层厂房顶层靠外墙的泄压设施附近。有爆炸危险的设备宜避开厂房的梁、柱等主要承重构件布置。

该案例中一层西侧靠外墙部位设置了大豆油和油浸溶剂的中间仓库，不符合要求。应设置厂房顶部靠外墙部位。

三、练习题

根据以上材料，回答下列问题：

1. 判断该厂房及中间仓库的火灾危险性类别，并指出该厂房的耐火等级。

2. 判断该厂房与周边建筑防火间距是否符合要求，并给出解决措施。

3. 该厂房防火分区是否合理？说明理由。

4. 该建筑平面布置中的问题有哪些？说明理由。

5. 该厂房安全疏散是否符合要求？说明理由。

【参考答案】

1. 答：

（1）第3层建筑面积为180m²的植物油浸出车间占植物油加工厂房防火分区面积的

比率小于 5％，厂房的危险性按火灾危险性较小的部分确定。因此，该植物油加工厂房为丙类 1 项。

大豆油中间仓库火灾危险性为丙类 1 项，油浸溶剂的中间仓库火灾危险性为甲类 1 项。

（2）该厂房耐火等级为二级。

2. 答：

（1）与乙炔站的防火间距符合要求，不应小于 12m。

（2）与氯丙醇厂房的防火间距符合要求，不应小于 10m。

（3）与糖醛仓库的防火间距符合要求，不应小于 12m。

（4）与电动车库的防火间距不符合要求，不应小于 13m。

措施：可以将电动机库相邻植物油加工厂房一面外墙设置成防火墙，防火间距不限；将植物油加工厂相邻电动机库一面设为防火墙，屋顶设置成无天窗耐火极限不低于 1h 的楼板，防火间距不应小于 3.5m；将植物油加工厂房和电动机库相邻两面外墙均设置为不燃性墙体，无外露的可燃性屋檐，每面外墙上的门、窗、洞口面积之和各不大于外墙面积的 5％，且门、窗、洞口不正对开设，防火间距可按规定减小 25％。

3. 答：（1）地上部分不合理，地上部分每层应至少划分 2 个防火分区。

理由：二级丙类多层厂房一个防火分区的最大建筑面积不应大于 4000m²，6000÷4000＝1.5（个）。

（2）地下部分不合理，应划分 2 个防火分区。

理由：二级耐火等级丙类地下厂房每个防火分区的最大允许建筑为 500m²，由于地下 1 层面积超过 500m²，应设置自动喷水灭火系统。所以防火分区的最大允许建筑为 1000m²；厂房地下部分 1500m²，应划分 2 个防火分区。

4. 答：

（1）员工宿舍设置不符合要求。

理由：员工宿舍严禁设置在厂房内。

（2）办公室安全出口设置不符合要求。

理由：办公室设置在丙类厂房内，应至少设置 1 个独立的安全出口。

（3）中间仓库设置不符合要求。

理由：甲类中间仓库储量不宜超过 1 昼夜需要的量；采用防火墙和耐火极限不低于 1.50h 的不燃性楼板与其他部位分隔，并设置在厂房顶部靠外墙部位。

5. 答：

（1）楼梯净宽 1.0m，不符合要求。

理由：厂房疏散楼梯间最小净宽不宜小于 1.1m。

（2）西侧室外楼梯不符合要求。

理由：梯段和平台均应采用不燃材料制作。平台的耐火极限不应低于 1.00h，梯段的耐火极限不应低于 0.25h；通向室外楼梯的门应采用乙级防火门，并应向外开启。

（3）厂房的安全出口数量不符合要求。

理由：厂房内每个防火分区安全出口不应少于 2 个。

案例六　毛皮制品仓库防火案例分析

一、情景描述

某工业园区有一毛皮制品仓库,地上 5 层,地下 1 层,高度为 25m。该仓库占地面积为 5000m²,地上总建筑面积为 25000m²,地上每层划分 2 个防火分区,每个防火分区建筑面积为 2500m²,地下一层共 3000m²,划分 3 个防火划分区,每个防火分区建筑面积为 1000m²。

该建筑是钢筋混凝土框架结构,各建筑构件均为不燃性构件,其中柱子耐火极限为 2.00h,防火墙耐火极限为 3.00h。楼梯间采用封闭楼梯间。

该仓库首层西侧因发展需要设为办公室、休息室,建筑面积为 500m²,采用耐火极限为 2.00h 的防火隔墙、0.50h 的不燃性楼板和乙级防火门与其他部位分隔,该办公室、休息室要穿过仓库区才能到达室外。为节约成本,该仓库五层被改成员工宿舍,其他楼层均作为仓库使用。

为吸引外资,政府决定在该仓库附近投建一些厂房和仓库,其规划如下:在该仓库北侧打算建一栋一级耐火等级的单层甲醇合成厂房,与该仓库的间距是 10m;南侧新建一栋三级耐火等级的二层制衣厂,间距是 13m;西侧是二级耐火等级的多层玻璃原料熔化厂房,间距是 13m;东侧是高度 30m 的蓝领职工公寓,间距是 18m。

该仓库方为迎接专家和领导视察,对仓库做了简单装修。其中地板采用硬 PVC 塑料板,部分墙面贴了瓷砖。

该仓库还按照消防部门要求,配置了室内外消火栓、灭火器和自动喷水系统。

二、关键知识点及依据

(一)储存物品的火灾危险性类别

根据《建筑设计防火规范》〔GB 50016—2014(2018 年版)〕的规定,仓库储存物品的火灾危险性分类的方法主要依据物品本身的火灾危险性。储存物品的火灾危险性应根据储存物品的性质和储存物品中的可燃物数量等因素划分,可分为甲、乙、丙、丁、戊类。

同一座仓库或仓库的任一防火分区内储存不同火灾危险性物品时,仓库或防火分区的火灾危险性应按火灾危险性最大的物品确定。

丁、戊类储存物品仓库的火灾危险性,当可燃包装质量大于物品本身质量的 1/4 或可燃包装体积大于物品本身体积的 1/2 时,应按丙类确定。

本案例情景描述中的毛皮制品仓库火灾危险性类别为丙类 2 项。

(二)厂房和仓库的耐火等级

根据《建筑设计防火规范》〔GB 50016—2014(2018 年版)〕的规定,高架仓库、高层仓库、甲类仓库、多层乙类仓库和储存可燃液体的多层丙类仓库,其耐火等级不应低于二级。多层丁、戊类厂房的耐火等级不应低于二级。高架仓库、高层仓库、甲类仓库、多层乙类仓库和储存可燃液体的多层丙类仓库，其耐火等级不应低于二级。单层乙类仓库、单层丙类仓库、储存可燃固体的多层丙类仓库和多层丁、戊类仓库，其耐火等级不应低于三级。甲、乙类厂房和甲、乙、丙类仓库内的防火墙，其耐火极限不应低于4.00h。一、二级耐火等级单层厂房（仓库）的柱子，其耐火极限分别不应低于2.50h和2.00h。

该毛皮制品仓库高度为25m，属于高层仓库，耐火等级不应低于二级，柱子耐火极限不应低于2.5h，案例中柱子耐火极限为2.0h不符合要求；丙类仓库内的防火墙，其耐火极限不应低于4.00h，案例中防火墙为3.0h，不符合规定。

（三）仓库的最大允许占地面积和防火分区的最大允许建筑面积

根据《建筑设计防火规范》［GB 50016—2014（2018 年版）］的规定，该毛皮制品仓库是高层丙类仓库，占地面积不超过 4000m²，每个防火分区面积不超过 1000m²。根据规范规定，可燃、难燃物品的高架仓库和高层仓库应设自动喷水灭火系统，因此该仓库防火分区面积和占地面积可增加一倍，即占地面积不超过 8000m²、防火分区面积不超过 2000m²。

（四）仓库的防火间距

根据《建筑设计防火规范》［GB 50016—2014（2018 年版）］的规定，该丙类高层仓库与甲类甲醇合成厂房的防火间距不小于13m；与三级耐火等级的多层丙类制衣厂，防火间距不小于15m；与二级耐火等级的多层玻璃原料熔化厂房，防火间距不小于13m；与高度为 30m 的蓝领职工公寓，防火间距不小于15m。

（五）仓库的安全疏散

根据《建筑设计防火规范》［GB 50016—2014（2018 年版）］的规定，仓库的安全出口应分散布置。每个防火分区或一个防火分区的每个楼层，其相邻 2 个安全出口最近边缘之间的水平距离不应小于5m。高层仓库的疏散楼梯应采用封闭楼梯间。

该高层毛皮制品仓库楼梯间采用封闭楼梯间，符合规范要求。

（六）仓库的平面布置

根据《建筑设计防火规范》［GB 50016—2014（2018 年版）］的规定，员工宿舍严禁设置在仓库内。办公室、休息室等严禁设置在甲、乙类仓库内，也不应贴邻。办公室、休息室设置在丙、丁类仓库内时，应采用耐火极限不低于 2.50h 的防火隔墙和 1.00h 的楼板与其他部位分隔，并设置独立的安全出口。隔墙上需开设相互连通的门时，应采用乙级防火门。

为节约成本，该仓库五层被改成员工宿舍，不符合规范要求。

办公室、休息室与毛皮制品的防火隔墙与其他部位分隔不符合规范要求，应采用耐火极限不低于 2.50h 的防火隔墙和 1.00h 的楼板与其他部位分隔，并设置独立的安全出口。

（七）仓库内部各部位装修材料的燃烧性能等级

丙类仓库顶棚、墙面、地面、隔断装修材料的燃烧性能等级，均不应低于 A 级。

本案例高层毛皮制品仓库顶棚、墙面、地面装修材料的燃烧性能等级不符合规范要求。

三、练习题

根据以上材料，回答下列问题：

1. 指出该仓库的火灾危险性和耐火等级方面存在的问题。

2. 指出该仓库在平面布置方面存在的问题。

3. 指出该仓库总平面布局在规划上存在的问题。

4. 该仓库防火分区方面是否存在问题，为什么？

5. 该仓库在装修上是否存在问题，为什么？

【参考答案】

1. 答：

（1）根据规范，该仓库的火灾危险性是丙类2项仓库。

（2）问题：柱子耐火极限2.00h与防火墙3.00h不符合要求。

理由：该仓库耐火等级不低于二级，柱子耐火极限不低于2.50h，防火墙耐火极限不低于4.00h。

2. 答：

（1）办公室、休息室采用耐火极限2.00h的防火隔墙、0.50h的不燃性楼板与其他部位分隔，且办公室、休息室要穿过仓库区才能到达室外，不符合规范要求。

理由：根据规范，办公室、休息室设置在丙、丁类仓库内时，应采用耐火极限不低于2.50h的防火隔墙和1.00h的楼板与其他部位分隔，并设置独立的安全出口。

（2）为节约成本，该仓库五层被改成员工宿舍，不符合规范要求。

理由：根据规范，员工宿舍严禁设置在仓库内，该宿舍应从仓库内搬出。

3. 答：（1）该高层仓库属于丙类，与甲类甲醇合成厂房的防火间距不小于13m，规划是10m，不符合要求。

（2）该仓库与三级耐火等级的二层丙类制衣厂，防火间距不小于15m，规划是13m，不符合规范要求。

4. 答：

（1）该仓库每层5000m²，划分2个防火分区，每个防火分区面积为2500m²，不符合规范要求。

理由：该仓库是高层丙类仓库，仓库占地面积不超4000m²，每个防火分区面积不超1000m²。高层丙类仓库应设自喷，防火分区面积和占地面积可增加一倍，即占地面积不超过8000m²、防火分区面积不超过2000m²。所以，地上应划分为5000÷2000≈3（个）防火分区，每个防火分区面积不超过2000m²。

（2）地下一层划分3个防火划分区，每个防火分区1000m²，不符合规范要求。

理由：根据规范，丙类仓库地下一个防火分区面积不超300m²，设自喷增加一倍，即不超过600m²。所以该地下要划分3000÷600＝5（个）防火分区，每个防火分区最大允许建筑面积不超过600m²。

5. 答：

题中地板采用硬PVC塑料板，而硬PVC塑料板是难燃装修材料，不符合规范要求。

理由：根据建筑内部装修设计规范，高层仓库顶棚、墙面、地面均要采用不燃材料装修。

案例七　糖醛仓库防火案例分析

一、情景描述

某储存糖醛的成品仓库位于某港口城市物流园内，钢筋混凝土框架结构建造，一级耐火等级，地上共5层；地下1层，功能为搬卸货物的中转仓。建筑高度为22m，占地面积为3000m²。糖醛仓库四周设置净宽为4.2m的环形消防车道，消防车道有两处与物流区干道连通，其建筑总平面图如图2-7-1所示。

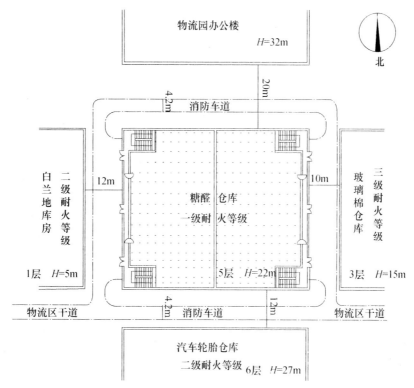

图 2-7-1　建筑总平面图

该糖醛仓库地上每层建筑面积均为3000m²，地下一层建筑面积为600m²。地上每层平均划分2个防火分区，每个防火分区的建筑面积均为1500m²；地下一层平均划分为2个防火分区，每个防火分区建筑面积均为300m²。

仓库5层北侧设有100m²的员工值班宿舍，一层东南侧设有独立的办公室、会客休息区，建筑面积为300m²，全部采用耐火极限为2.00h的防火隔墙、耐火极限为1.50h的楼板和乙级防火门与其他部位分隔，并与仓库共用安全出口。

消防安全案例分析

该糖醛仓库地上部分每个防火分区设置 2 部敞开楼梯间，每个防火分区靠外墙设置宽 1.50m 的疏散走道，防火分区通向疏散走道的门采用双向弹簧门；地下部分的一个防火分区因安全出口直通室外有困难，采用通向相邻防火分区的 2 个甲级防火门作为安全出口，地下另一防火分区设有 2 个直通室外的安全出口。

该糖醛仓库按现行有关国家工程建设消防技术标准配置了各类消防设施及器材。

二、关键知识点及依据

（一）仓库分类

仓库储存物品的火灾危险性分类的方法主要依据物品本身的火灾危险性。储存物品的火灾危险性应根据储存物品的性质和储存物品中的可燃物数量等因素划分，可分为甲、乙、丙、丁、戊类。

根据《建筑设计防火规范》[GB 50016—2014（2018 年版）] 的规定，本案例情景描述中的各仓库的分类见表 2-7-1。

表 2-7-1　仓库的分类

仓库名称	储存物品火灾危险性类别	按建筑的层数和高度分类
糖醛仓库	丙类 1 项	多层仓库
白兰地库房	丙类 1 项	单层仓库
汽车轮胎仓库	丙类 2 项仓库	高层仓库
玻璃棉仓库	戊类仓库	多层仓库

（二）仓库耐火等级和层数

根据《建筑设计防火规范》[GB 50016—2014（2018 年版）] 的规定，高架仓库、高层仓库、甲类仓库、多层乙类仓库和储存可燃液体的多层丙类仓库，其耐火等级不应低于二级。单层乙类仓库，单层丙类仓库，储存可燃固体的多层丙类仓库和多层丁、戊类仓库，其耐火等级不应低于三级。该糖醛仓库耐火等级一级、白兰地库房耐火等级二级、汽车轮胎仓库耐火等级二级、玻璃棉仓库耐火等级三级，符合规范规定。

（三）防火间距

根据《建筑设计防火规范》[GB 50016—2014（2018 年版）] 的规定，该糖醛仓库与白兰地库房、汽车轮胎仓库、玻璃棉仓库和物流园办公楼之间的防火间距分别不应小于 10m、13m、12m、15m。

（四）丙类仓库内办公室、休息室的布置

根据《建筑设计防火规范》[GB 50016—2014（2018 年版）] 的规定，员工宿舍严禁设置在仓库内。办公室、休息室等严禁设置在甲、乙类仓库内，也不应贴邻。办公室、休息室设置在丙、丁类仓库内时，应采用耐火极限不低于 2.50h 的防火隔墙和 1.00h 的楼板与其他部位分隔，并设置独立的安全出口。隔墙上需开设相互连通的门时，应采用乙级防火门。该仓库第五层南侧设有 100m² 的员工值班宿舍，不符合规范要求，办公室、休息室采用耐火极限 2.00h 的防火隔墙与其他部位分隔，不符合规范要求，应采用不低于 2.50h 的防火隔墙与其他部位分隔且办公室、休息室应设置独立的安

40

全出口。

（五）仓库的最大允许占地面积和防火分区的最大允许建筑面积

根据《建筑设计防火规范》［GB 50016—2014（2018 年版）］的规定，该糖醛仓库的最大允许占地面积不应大于 2800m²，地上部分每个防火分区的最大允许建筑面积不应大于 700m²，地下每个防火分区最大允许建筑面积不应大于 150m²；仓库内设置自动灭火系统，每座仓库最大允许占地面积和每个防火分区最大允许建筑面积可按上述规定增加 1 倍。

（六）安全疏散

根据《建筑设计防火规范》［GB 50016—2014（2018 年版）］的规定，仓库的安全出口应分散布置。每个防火分区或一个防火分区的每个楼层，其相邻 2 个安全出口最近边缘之间的水平距离不应小于 5m。每座仓库的安全出口不应少于 2 个，当一座仓库的占地面积不大于 300m² 时，可设置 1 个安全出口。防火分区通向疏散走道、楼梯或室外的出口不宜少于 2 个，当防火分区的建筑面积不大于 100m² 时，可设置 1 个出口。通向疏散走道或楼梯的门应为乙级防火门。地下或半地下仓库（包括地下或半地下室）的安全出口不应少于 2 个；当建筑面积不大于 100m² 时，可设置 1 个安全出口。地下或半地下仓库（包括地下或半地下室），当有多个防火分区相邻布置并采用防火墙分隔时，每个防火分区可利用防火墙上通向相邻防火分区的甲级防火门作为第二安全出口，但每个防火分区必须至少有 1 个直通室外的安全出口。仓库的疏散门应采用向疏散方向开启的平开门，但丙、丁、戊类仓库首层靠墙的外侧可采用推拉门或卷帘门。该仓库内通向疏散走道或楼梯的门应为乙级防火门，仓库地下其中一防火分区采用 2 个通向另一防火分区的甲级防火门作为安全出口，不符合规范要求，该仓库安全出口的数量不符合要求，可以考虑增设室外疏散楼梯。

三、练习题

根据以上材料，回答下列问题：

1. 按照现行国家消防技术标准《建筑设计防火规范》（GB 50016），对糖醛仓库、玻璃棉仓库、白兰地库房和汽车轮胎仓库进行火灾危险性分类。

2. 指出该糖醛仓库与周围各建筑的防火间距是否符合要求，并说明原因。

3. 指出该糖醛仓库的占地面积及防火分区划分是否合理，并说明原因。

4. 指出该糖醛仓库内的平面布置存在哪些问题，并写出正确做法。

5. 指出该糖醛仓库在安全疏散方面存在哪些问题，并说明理由。

【参考答案】

1. 答：

糖醛仓库属于多层丙类 1 项仓库，玻璃棉仓库为多层戊类仓库，白兰地库房为单层丙类 1 项仓库，汽车轮胎仓库为高层丙类 2 项仓库。

2. 答：

糖醛仓库与玻璃棉仓库防火间距 10m，不符合要求，规范要求不应小于 12m；

与南侧汽车轮胎仓库防火间距 12m，不符合要求，规范要求不应小于 13m；

与白兰地库房的防火间距 12m，符合规范要求，规范要求不应小于 10m；

与物流园办公楼的防火间距 20m，符合规范要求，规范要求不应小于 15m。

3. 答：

该糖醛仓库为丙类 1 项多层仓库，耐火等级为一级，占地面积为 3000m²，并按现行有关国家工程建设消防技术标准配置了各类消防设施及器材，根据规范要求该仓库应设置自动灭火系统，其最大允许占地面积为 5600m²，地上每个防火分区最大允许建筑面积为 1400m²，地下每个防火分区最大允许建筑面积为 300m²。因此，糖醛仓库的占地面积符合要求；地上每层平均划分 2 个防火分区，每个防火分区 1500m²，不符合要求，至少应划分为 3 个且每个防火分区最大允许建筑面积不应大于 1400m²；地下一层平均划分 2 个防火分区，每个防火分区 300m²，符合要求。

4. 答：

（1）第五层南侧设有 100m² 的员工值班宿舍。

理由：仓库内严禁设置员工宿舍。

（2）办公室、休息室采用耐火极限 2.00h 的防火隔墙与其他部位分隔。

理由：应采用不低于 2.50h 的防火隔墙与其他部位分隔。

（3）办公室、休息室与仓库共用安全出口。

理由：应设置独立的安全出口。

5. 答：

（1）仓库地上防火分区通向疏散走道的门采用双向弹簧门。

理由：仓库内通向疏散走道或楼梯的门应为乙级防火门。

（2）仓库地下其中一防火分区采用 2 个通向另一防火分区的甲级防火门作为安全出口。

理由：地下或半地下仓库，当有多个防火分区相邻布置并采用防火墙分隔时，每个防火分区可利用防火墙上通向相邻防火分区的甲级防火门作为第二安全出口，但每个防火分区必须至少有 1 个直通室外的安全出口。

（3）地上每层划分两个防火分区，每个防火分区设两部敞开楼梯间，不合理。

理由：地上每层按规范要求，至少要划分成 3 个防火分区，每个防火分区安全出口不应少于 2 个，地上每层需要 6 个安全出口，因此需要在每层增设直通室外的安全出口，可考虑增设室外疏散楼梯。

案例八　针织厂房防火案例分析

一、情景描述

某针织品厂，地上 3 层，地下 1 层，每层建筑面积为 4500m²（75m×60m），主要建筑构件燃烧性能和耐火极限见表 2-8-1。

表 2-8-1　主要建筑构件燃烧性能和耐火极限

构件名称	防火墙、柱、承重墙	梁	楼板、屋顶承重构件	非承重外墙	房间隔墙	吊顶
燃烧性能	不燃性	不燃性	不燃性	难燃性	难燃性	不燃性
耐火极限（h）	4.00	2.00	1.00	0.50	0.75	0.10

该厂房建筑总平面布局图如图 2-8-1 所示。

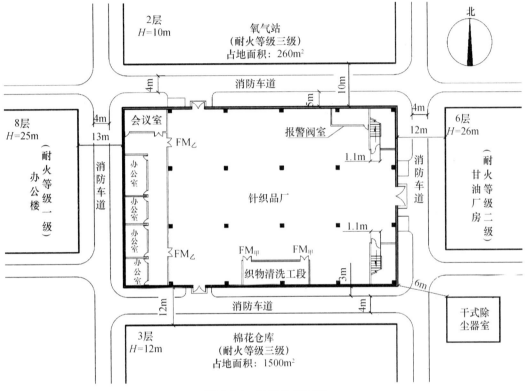

图 2-8-1　建筑总平面图

该厂房一至三层为纺纱织布工段，地下一层为废棉处理工段。一层西侧办公区采用 3.00h 的防火隔墙与生产部位进行分隔，南侧设置织物清洗工段，面积为 200m²，所用溶剂主要成分为氯酸钾、甲苯、轻汽油等。二层东侧设置面积为 1500m² 的棉线中间仓库，采用防火墙与生产部位进行分隔，三层西侧设置员工宿舍。

该厂房每层工作人数为 280 人，每层划分一个防火分区。设置可循环的通风系统，干式除尘器布置在排风系统的正压段上。该厂房按照国家标准要求设置了消火栓和灭火器等消防设施。

二、关键知识点及依据

（一）厂房和仓库分类

厂房生产的火灾危险性应根据生产中使用或产生的物质的性质及其数量等因素划分，可分为甲、乙、丙、丁、戊类。

同一座厂房或厂房的任一防火分区内有不同火灾危险性生产时，厂房或防火分区内的生产火灾危险性类别应按火灾危险性较大的部分确定；当生产过程中使用或产生易燃、可燃物的量较少，不足以构成爆炸或火灾危险时，可按实际情况确定。当符合下述条件之一时，可按火灾危险性较小的部分确定：火灾危险性较大的生产部分占本层或本防火分区建筑面积的比率小于5%或丁、戊类厂房内的油漆工段小于10%，且发生火灾事故时不足以蔓延至其他部位或火灾危险性较大的生产部分采取了有效的防火措施；丁、戊类厂房内的油漆工段采用封闭喷漆工艺时，封闭喷漆空间内保持负压、油漆工段设置可燃气体探测报警系统或自动抑爆系统，且油漆工段占所在防火分区建筑面积的比率不大于20%。

根据《建筑设计防火规范》[GB 50016—2014（2018年版）]的规定，本案例情景描述中的各厂房的分类见表2-8-2。

表 2-8-2 厂房和仓库的分类

仓库名称	储存物品火灾危险性类别	按建筑的层数和高度分类
针织品厂	丙类	多层厂房
棉花仓库	丙类2项	多层仓库
甘油厂房	丙类	高层厂房
氧气站	乙类	多层厂房

（二）厂房和仓库耐火等级和层数

根据《建筑设计防火规范》[GB 50016—2014（2018年版）]的规定，高层厂房，甲、乙类厂房的耐火等级不应低于二级，建筑面积不大于300m²的独立甲、乙类单层厂房可采用三级耐火等级的建筑。单、多层丙类厂房和多层丁、戊类厂房的耐火等级不应低于三级。使用或产生丙类液体的厂房和有火花、炙热表面、明火的丁类厂房，其耐火等级均不应低于二级；当为建筑面积不大于500m²的单层丙类厂房或建筑面积不大于1000m²的单层丁类厂房时，可采用三级耐火等级的建筑。高架仓库、高层仓库、甲类仓库、多层乙类仓库和储存可燃液体的多层丙类仓库，其耐火等级不应低于二级。单层乙类仓库、单层丙类仓库、储存可燃固体的多层丙类仓库和多层丁、戊类仓库，其耐火等级不应低于三级。

（三）防火间距

根据《建筑设计防火规范》[GB 50016—2014（2018年版）]的规定，该针织品厂房与棉花仓库、甘油厂房、氧气站和办公楼之间的防火间距分别不应小于12m、13m、12m、15m。

（四）消防车道

该针织品厂房占地面积大于3000m²，根据《建筑设计防火规范》[GB 50016—2014（2018年版）]的规定，应设置环形消防车道。确有困难时，应沿建筑物的两个长边设置消防车道。消防车道的净宽度和净空高度均不应小于4.0m。消防车道与建筑之间不应设置妨碍消防车操作的树木、架空管线等障碍物。消防车道靠建筑外墙一侧的边缘距离建筑外墙不宜小于5m。消防车道的坡度不宜大于8%。环形消防车道至少应有两处与其他车道连通。尽头式消防车道应设置回车道或回车场，回车场的面积不应小于 12m × 12m；对于高层建筑，不宜小于 15m × 15m；供重型消防车使用时，不宜小于 18m × 18m。该针织品厂南侧消防车道距离厂房 3m，不符合规范的规定。

（五）丙类厂房内办公室、休息室及中间仓库的布置

根据《建筑设计防火规范》[GB 50016—2014（2018 年版）] 的规定，员工宿舍严禁设置在厂房内。办公室、休息室设置在丙类厂房内时，应采用耐火极限不低于 2.50h 的防火隔墙和 1.00h 的楼板与其他部位分隔，并应至少设置 1 个独立的安全出口。隔墙上需开设相互连通的门时，应采用乙级防火门。厂房内设置中间仓库时，应符合下列规定：①甲、乙类中间仓库应靠外墙布置，其储量不宜超过 1 昼夜的需要量；②甲、乙、丙类中间仓库应采用防火墙和耐火极限不低于 1.50h 的不燃性楼板与其他部位分隔。该厂房办公区应至少设置 1 个独立的安全出口；织物清洗工段存在爆炸危险性，应布置在顶层靠外墙位置；二层中间仓库，采用防火墙与生产部位进行分隔，楼板为 1.0h，不符合规范要求；三层西侧设有员工宿舍，不符合规范要求。

（六）防火分区的最大允许建筑面积

根据《建筑设计防火规范》[GB 50016—2014（2018 年版）] 的规定，该针织品厂房地上部分每个防火分区的最大允许建筑面积不应大于 4000m²，地下每个防火分区最大允许建筑面积不应大于 500m²。厂房首层设置报警阀组间，说明该厂房设置自动喷水灭火系统，地上和地下每个防火分区最大允许建筑面积可按上述规定分别增加 1 倍。

（七）安全疏散

根据《建筑设计防火规范》[GB 50016 2014（2018 年版）] 的规定，该针织品厂房每个防火分区或一个防火分区的每个楼层，其安全出口的数量应经计算确定，且不应少于 2 个，但当丙类厂房每层建筑面积不大于 250m²，且同一时间的作业人数不超过 20 人时，可设置 1 个安全出口。安全出口应分散布置，每个防火分区或一个防火分区的每个楼层，其相邻 2 个安全出口最近边缘之间的水平距离不应小于 5m。该厂房疏散楼梯的最小净宽度不宜小于 1.10m，疏散走道的最小净宽度不宜小于 1.40m，门的最小净宽度不宜小于 0.90m。首层外门的总净宽度应按该层及以上疏散人数最多一层的疏散人数计算，且该门的最小净宽度不应小于 1.20m。该厂房任一点到最近安全出口的直线距离不应大于 60m。该厂房应采用向疏散方向开启的平开门，不应采用推拉门、卷帘门、吊门、转门和折叠门，该厂房人数不超过 60 人且每樘门的平均疏散人数不超过 30 人的房间，其疏散门的开启方向不限。

（八）厂房防爆

根据《建筑设计防火规范》[GB 50016—2014（2018 年版）] 的规定，厂房的防爆应符合以下要求：

（1）有爆炸危险的厂房或厂房内有爆炸危险的部位应设置泄压设施。泄压设施宜采用轻质屋面板、轻质墙体和易于泄压的门、窗等，应采用安全玻璃等在爆炸时不产生尖锐碎片的材料。泄压设施的设置应避开人员密集场所和主要交通道路，并宜靠近有爆炸危险的部位。作为泄压设施的轻质屋面板和墙体的质量不宜大于 60kg/m²。屋顶上的泄压设施应采取防冰雪积聚措施。

（2）散发较空气轻的可燃气体、可燃蒸气的甲类厂房，宜采用轻质屋面板作为泄压面积。顶棚应尽量平整、无死角，厂房上部空间应通风良好。

（3）散发较空气密度大的可燃气体、可燃蒸气的甲类厂房和有粉尘、纤维爆炸危险的乙类厂房，应符合下列规定：

1）应采用不发火花的地面。采用绝缘材料作整体面层时，应采取防静电措施。

2）散发可燃粉尘、纤维的厂房，其内表面应平整、光滑，并易于清扫。

3）厂房内不宜设置地沟，确需设置时，其盖板应严密，地沟应采取防止可燃气体、可燃蒸气和粉尘、纤维在地沟积聚的有效措施，且应在与相邻厂房连通处采用防火材料密封。

（4）有爆炸危险的甲、乙类生产部位，宜布置在单层厂房靠外墙的泄压设施或多层厂房顶层靠外墙的泄压设施附近。有爆炸危险的设备宜避开厂房的梁、柱等主要承重构件布置。

（5）有爆炸危险区域内的楼梯间、室外楼梯或有爆炸危险的区域与相邻区域连通处，应设置门斗等防护措施。门斗的隔墙应为耐火极限不低于 2.00h 的防火隔墙，门应采用甲级防火门并应与楼梯间的门错位设置。

三、练习题

根据以上材料，回答下列问题：

1. 判断该针织品厂的火灾危险性和耐火等级，指出该厂房及周围厂房耐火等级及层数方面存在的问题，并提出解决方案。

2. 指出该厂房总平面布局存在的问题，并说明原因。

3. 指出该厂房平面布置存在的问题，并说明原因。

4. 指出该厂房防火分区划分是否正确，并说明原因。

5. 指出该厂房安全疏散存在的问题，并说明原因。

6. 指出厂房在通风空调、建筑防爆方面存在的问题，并说明原因。

【参考答案】

1. 答：

（1）针织品厂的火灾危险性为丙类 2 项。

（2）针织品厂耐火等级为二级。

（3）问题：二层氧气站耐火等级为三级。

解决方案：①将氧气站耐火等级提升至二级耐火等级；②将氧气站拆除至单层。

（4）问题：三级耐火等级的三层棉花仓库，占地面积为 $1500m^2$。

解决方案：①将仓库的火灾危险性降为丁、戊类；②将仓库拆除至单层；③将仓库的耐火等级改造为二级。

2. 答：

（1）针织品厂与氧气站的防火间距为 10m。

理由：针织品厂与氧气站（三级耐火等级）的防火间距不应小于 12m。

（2）问题：针织品厂与 26m 高的甘油厂房的防火间距为 10m。

理由：针织品厂与 26m 高的甘油厂房（高层）的防火间距不应小于 13m。

(3) 问题：针织品厂与西侧办公楼的防火间距为 13m。

理由：针织品厂与 25m 高的办公楼（二类高层公共建筑）的防火间距不应小于 15m。

(4) 问题：针织品厂南侧消防车道距离厂房 3m。

理由：消防车道靠建筑外墙一侧的边缘距离建筑外墙不应小于 5m。

(5) 针织品厂与干式除尘器室防火间距为 6m。

理由：净化有爆炸危险粉尘的干式除尘器和过滤器宜布置在厂房外的独立建筑内，建筑外墙与所属厂房的防火间距不应小于 10m。

3. 答：

(1) 厂房首层西侧办公区未设置独立安全出口。

理由：办公区至少设置 1 个独立的安全出口。

(2) 二层中间仓库，采用防火墙与生产部位进行分隔，楼板为 1.0h。

理由：丙类中间仓库应采用防火墙和耐火极限不低于 1.50h 的不燃性楼板与其他部位分隔。

(3) 三层西侧设有员工宿舍。

理由：员工宿舍严禁设置在厂房内。

(4) 首层南侧设置织物清洗工段，所用溶剂主要成分为氯酸钾、甲苯、轻汽油等。

理由：织物清洗工段存在爆炸危险性，应布置在顶层靠外墙位置。

4. 答：

(1) 厂房首层设置报警阀组间，说明该厂房设置自动喷水灭火系统。

(2) 一至三层每层划分 1 个防火分区正确。

理由：一至三层防火分区最大允许建筑面积为 8000m²。

(3) 地下一层划分 1 个防火分区错误。

理由：地下一层防火分区最大允许建筑面积为 1000m²。

5. 答：

(1) 楼梯间采用双向弹簧门。

理由：人员密集的多层丙类厂房，楼梯间的门采用乙级防火门，向疏散方向开启。

(2) 楼梯间宽度为 1.1m。

理由：二层、三层每层疏散人数为 280 人，宽度指标为 0.8m/百人，楼梯间总净疏散宽度指标：$280×0.8÷100＝2.24$（m）$＞（1.1＋1.1）＝2.2$（m），楼梯间总净疏散宽度不满足要求。

(3) 地上二层、三层疏散距离不满足规范要求。

理由：地上二层、三层西侧某些区域疏散距离大于 60m。

6. 答：

(1) 干式除尘器布置在系统的正压段上。

理由：按照规范，干式除尘器布置在系统的负压段上。

(2) 织物清洗工段与生产部位采用甲级防火门连通。

理由：织物清洗工段有爆炸危险性，采用门斗和生产工段进行分隔。

（3）织物清洗工段没有设置泄压设施。

理由：厂房内有爆炸危险的部位应设置泄压设施。

（4）织物清洗工段设置在厂房的柱附近。

理由：有爆炸危险的部位避开厂房的梁、柱等主要承重构件布置。

（5）首层南侧设置织物清洗工段，所用溶剂主要成分为氯酸钾、甲苯、轻汽油等。

理由：织物清洗工段存在爆炸危险性，应布置在顶层靠外墙位置。

第三篇 火灾自动报警系统和
其他消防设施案例分析

学习要求

通过本篇的学习，了解国家消防法律法规和有关消防工作的方针政策；熟悉《火灾自动报警系统设计规范》《火灾自动报警系统施工及验收标准》《气体灭火系统设计规范》《气体灭火系统施工及验收规范》《建筑防烟排烟系统技术标准》《消防应急照明和疏散指示系统技术标准》《建筑灭火器配置设计规范》《建筑灭火器配置验收及检查规范》等国家工程建设消防技术标准规范；掌握火灾自动报警系统、防烟排烟系统、气体灭火系统、消防应急照明和疏散指示系统、建筑灭火器的设施配置、施工、检测、验收和维护保养等基本知识，提高在现场实践中解决消防设施问题的能力。

案例九 高层银行办公楼火灾自动报警系统案例分析

一、情景描述

某高层银行办公楼，地上 12 层，地下 2 层。地下各层为汽车库及设备用房，车库内每层设置有 5 樘防火卷帘用作防火分隔，地上楼层设有数据机房，采用七氟丙烷气体灭火系统，分 6 个防护区保护，其他部分设置了湿式自动喷水系统保护。该建筑地上每层划分 1 个防火分区、3 个防烟分区，设置 1 套机械排烟系统。该建筑还按国家标准设置了其他消防设施。消防技术服务机构对该建筑消防设施年度检测，主要测试结果如下：

1. 火灾报警控制器（联动型）功能测试

触发一只感烟探测器，控制器 10s 时发出报警信号，图形显示装置 15s 时接收并显示火警信息。现场短接 1 只探测器，控制器 120s 时显示 36 只探测器故障。触发地下一层汽车库两只感烟探测器，控制器显示 3 樘防火卷帘动作，但只收到 2 个卷帘下降到地面的反馈信号。将控制器置于"手动"，在控制器上手动控制地下二层防火卷帘下降，卷帘动作并反馈，随后将控制器置于"自动"，再次手动启动，防火卷帘无动作反馈。

2. 排烟系统测试

手动打开三层某个排烟阀，排烟阀动作并反馈，风机未启动，再触发该排烟阀所在防烟分区 1 只感烟探测器，控制器报警并自动启动排烟风机。系统复位后，触发二层同一防烟分区的 2 只感烟探测器报警，控制器 12s 时收到二层全部排烟口动作反馈，20s 时收到排烟风机动作反馈信号，测试其排烟口风速为设计值的 60%。

3. 气体灭火系统测试

选择 2 个防护区进行模拟启动测试，按下 1 号防护区门外的手动启动按钮，防护区内声光报警启动，10s 后按下手动停止按钮，控制器启动，输出端电压 25s 后测得 24V。按下 2 号防护区内 1 只手动火灾报警按钮，防护区声光警报启动，25s 后启动输出端电压为 24V。维保人员发现有一根连接软管有裂纹，随即拆卸并更换一根新的软管。安装过程中不慎碰坏一段驱动气体管道，维保人员又更换了损坏的驱动气体管道，并填写了管道更换维修记录后结束了维保检测工作。

二、关键知识点及依据

(一) 火灾自动报警系统

(1) 该高层建筑既需要报警，也需要联动，应采用集中报警系统或控制中心报警系统。集中报警系统应由火灾探测器、手动火灾报警按钮、火灾声光警报器、消防应急广播、消防专用电话、消防控制室图形显示装置、火灾报警控制器、消防联动控制器等组成。普通场所宜选用点型感烟探测器，气体灭火系统的联动，宜采用感烟火灾探测器和感温火灾探测器的组合。

(2) 控制器在机箱内设有消防联动控制设备即火灾报警控制器（联动型）时还应满足《消防联动控制系统》相关要求，消防联动控制设备故障应不影响控制器的火灾报警功能。

(3) 消防控制室图形显示装置应能接收火灾报警控制器和消防联动控制器（以下称控制器）发出的火灾报警信号和（或）联动控制信号，并能在 3s 内进入火灾报警和（或）联动状态，显示相应信息。该建筑的控制器发出报警信号后，图形显示装置接收并显示报警信息时间超过 3s，不符合规范要求。

(4) 当控制器采用总线工作方式时，应设有总线短路隔离器。短路隔离器动作时，控制器应能指示出被隔离部件的部位号。当某一总线发生一处短路故障导致短路隔离器动作时，受短路隔离器影响的部件数量不应超过 32 个。该建筑总线短路隔离器保护设备数为 36 个，不符合规范要求。

(5) 当控制器内部、控制器与其连接的部件间发生故障时，控制器应在 100s 内发出与火灾报警信号有明显区别的故障声、光信号，故障声信号应能手动消除，再有故障信号输入时，应能再启动；故障光信号应保持至故障排除。该建筑控制器发出故障信息为 120s，不符合规范要求。

(6) 消防联动控制器应能显示所有受控设备的工作状态。消防联动控制器应在受控设备动作后 10s 内收到反馈信号，并应有反馈光指示，指示设备名称和部位，显示相应设备状态，光指示应保持至受控设备恢复。消防联动控制器在发出启动信号后 10s 内未收到要求的反馈信号，应使启动光信号闪亮，并显示相应的受控设备，保持到消防联动控制器收到反馈信号。该建筑控制器在 10s 内发出报警信号，符合规范要求。

(7) 消防联动控制器在自动方式下，手动插入操作优先。

(二) 气体灭火系统

(1) 该建筑数据机房采用七氟丙烷气体灭火系统保护时，灭火剂设计喷放时间不应多于 8s，灭火设计浓度宜采用 8%。采用管网灭火系统时，1 个防护区的面积不宜大于 800m²，且容积不宜大于 3600m³。防护区应设置泄压口，七氟丙烷灭火系统的泄压口应位于防护区净高的 2/3 以上。

（2）该建筑灭火剂输送管道安装完毕后，应进行强度试验和气压严密性试验，并合格。

（3）气动驱动装置的管道安装后应做气压严密性试验，并合格。

（4）每年应按相关规范的规定，对每个防护区进行 1 次模拟启动试验，并应进行 1 次模拟喷气试验。该建筑未对所有防护区进行模拟喷气试验，不符合规范要求。

（5）气体灭火系统的手动控制方式应符合下列规定：

在防护区疏散出口的门外应设置气体灭火装置的手动启动和停止按钮，手动启动按钮按下时，气体灭火控制器应执行符合规范规定的联动操作；手动停止按钮按下时，气体灭火控制器应停止正在执行的联动操作。

（6）气体灭火控制器直接连接火灾探测器时，气体灭火系统的自动控制方式应符合下列规定：

应由同一防护区域内 2 只独立的火灾探测器的报警信号、1 只火灾探测器与 1 只手动火灾报警按钮的报警信号或防护区外的紧急启动信号，作为系统的联动触发信号，探测器的组合宜采用感烟火灾探测器和感温火灾探测器，各类探测器应按规范的规定分别计算保护面积。该建筑 1 只手动报警按钮动作信号启动灭火系统，不符合联动控制要求。

（7）单位消防安全管理人对建筑消防设施存在的问题和故障，应立即通知维修人员进行维修，维修期间应采取确保消防安全的有效措施。故障排除后应进行相应功能试验并经单位消防安全管理人检查确认。维修情况应记入"建筑消防设施故障维修记录表"。

（三）防烟排烟系统

（1）该建筑采用机械排烟，应采用管道排烟，且不应采用土建风道。排烟管道应采用不燃材料制作且内壁应光滑。当排烟管道内壁为金属时，管道设计风速不应大于 20m/s；当排烟管道内壁为非金属时，管道设计风速不应大于 15m/s；排烟口的风速不宜大于 10m/s。排烟风机应满足 280℃时连续工作 30min 的要求，排烟风机应与风机入口处的排烟防火阀联锁，当该阀关闭时，排烟风机应能停止运转。

（2）该建筑的机械排烟系统应能自动和手动启动相应区域排烟阀、排烟风机，并向火灾报警控制器反馈信号。设有补风的系统，应在启动排烟风机的同时启动送风机。

（3）机械排烟系统中的常闭排烟阀或排烟口应具有火灾自动报警系统自动开启、消防控制室手动开启和现场手动开启功能，其开启信号应与排烟风机联动。当火灾确认后，火灾自动报警系统应在 15s 内联动开启相应防烟分区的全部排烟阀、排烟口、排烟风机和补风设施，并应在 30s 内自动关闭与排烟无关的通风、空调系统。该建筑在 12s 内开启排烟阀，符合规范要求；但 20s 时才开启排烟风机，不符合规范要求。

（4）当火灾确认后，担负两个及以上防烟分区的排烟系统，应仅打开着火防烟分区的排烟阀或排烟口，其他防烟分区的排烟阀或排烟口应呈关闭状态。该建筑的控制器控制二层全部排烟口打开，不符合规范要求。

（5）机械排烟系统的联动调试方法及要求应符合下列规定：

1）当任何一个常闭排烟阀或排烟口开启时，排烟风机均应能联动启动。该建筑排烟口开启时，排烟风机未启动，不符合规范要求。

2）应与火灾自动报警系统联动调试。当火灾自动报警系统发出火警信号后，机械排烟系统应启动有关部位的排烟阀或排烟口、排烟风机；启动的排烟阀或排烟口、排烟风机应与设计和标准要求一致，其状态信号应反馈到消防控制室。

（6）每年应对全部防烟、排烟系统进行一次联动试验和性能检测，其联动功能和性能参数应符合原设计要求，检查方法应符合相关规范的规定。

三、练习题

根据以上材料，回答下列问题：

1. 火灾报警系统测试出来哪些问题？
2. 测试时有1樘防火卷帘未动作反馈，可能的原因是什么？
3. 排烟系统联动控制功能测试出来哪些问题？
4. 排烟口风速比设计值偏差过大的原因是什么？
5. 气体灭火系统检测与维保工作存在哪些问题，以及系统检测出哪些问题？

【参考答案】

1. 答：
（1）控制器发出报警信号后，图形显示装置接收并显示报警信息时间超过3s。
（2）总线短路隔离器保护设备数超过32个。
（3）控制器发出故障信息超过100s。
（4）有1樘防火卷帘不能动作反馈。
（5）控制器不满足手动插入优先功能。

2. 答：
（1）模块至卷帘控制器之间线路故障。
（2）卷帘控制器未接通电源。
（3）卷帘控制器自身故障（或控制器内控制继电器损坏）。
（4）卷门机故障。
（5）卷帘动作反馈机构故障。
（6）模块故障。

3. 答：
（1）排烟阀动作后未能启动排烟风机。
（2）火灾报警联动时未能在15s内启动排烟风机。
（3）未着火防烟分区排烟阀被联动启动。

4. 答：
（1）排烟阀打开数量过多。
（2）排烟风机风量、风压不足或反转。
（3）风管阻力或管道漏风量过大。

5. 答：
（1）检测与维保工作存在的问题：
1）未选择所有防护区模拟启动试验。
2）更换的连接软管未进行水压强度和气压严密性试验。

3）更换的驱动气体管道未进行气压严密性试验。

（2）系统检测出的问题：

1）控制器紧急停止功能失效。

2）1只手动报警按钮动作信号启动灭火系统，不符合联动控制要求。

案例十　超高层旅馆建筑火灾自动报警系统案例分析

一、情景描述

某超高层五星级旅馆建筑，建筑高度为128m，每层建筑面积为4000m²。一至四层为配套的餐厅，五至七层为配套的娱乐休闲及运动场所，八层为办公区，九层至顶层除避难层外全部为住宿。下部设置3层地下室和4层裙房。地下一层为配电室和电子设备间、柴油发电机房、消防水泵房、风机房等设备用房，地下二至三层为汽车库。裙房为商场，设置了贯穿一至四层的中庭。建筑内设有室内消火栓、自动喷水灭火系统、火灾自动报警系统、防烟排烟系统、应急照明和疏散指示系统，配电室和电子设备间还设置有IG541预制灭火系统等。

建筑内汽车库、厨房设置了点型感温探测器，其他地方均设置了点型感烟探测器。每层各设置了一个手动火灾报警按钮，消防模块集中安装在楼层配电箱内。火灾自动报警系统采用双电源供电，在消防控制室配电箱内的进线设置双电源自动切换装置。配电箱内设置有剩余电流式火灾探测器和过电压保护装置。

为节省空间，该建筑将火灾自动报警系统电缆与电力、照明用的低压配电线路电缆设在了同一个电缆竖井一侧的墙面上。火灾自动报警供电线路、消防联动控制线路、报警总线等传输线路采用阻燃耐火电线电缆。

2019年3月对火灾自动报警系统进行调试，有如下发现：

（1）在地下汽车库模拟1只感烟探测器信号，并按下同一防火分区的1只手动报警按钮，排烟风机、补风机在5s内启动，15s打开了全部排烟口、补风口，35s关闭了排风口。

（2）模拟启动电子设备间防护区内的1只感烟探测器，防护区内外的声光报警器启动，模拟防护区内另外1只感温探测器，联动关闭送排风机、送排风阀，停止通风空调系统，关闭防护区电动防火阀，关闭开口封闭装置，启动气体灭火装置（设置了30s延迟），同时启动防护区外表示气体喷洒的指示灯。

（3）模拟火警，联动防火卷帘的1只专用感温探测器动作，联动控制疏散走道的防火卷帘下降至楼地面1.8m处，再使同一防烟分区的另外1只专用感温探测器动作，联动控制器直接联动控制防火卷帘下降到楼地面。联动控制器接收到防火卷帘下降至楼地面1.8m处的动作信号、下降到地面的动作信号和防火卷帘控制器直接连接的探测器的报警信号。

二、关键知识点及依据

（一）火灾自动报警系统

（1）该高层建筑既需要报警，也需要联动，应采用集中报警系统或控制中心报警系统。集中报警系统应由火灾探测器、手动火灾报警按钮、火灾声光警报器、消防应急广播、消防专用电话、消防控制室图形显示装置、火灾报警控制器、消防联动控制器等组成。普通场所宜选用点型感烟探测器，气体灭火系统的联动，宜采用感烟火灾探测器和感温火灾探测器的组合。

（2）疏散通道上设置的防火卷帘的联动控制设计，应符合下列规定：

联动控制方式，防火分区内任 2 只独立的感烟火灾探测器或任 1 只专门用于联动防火卷帘的感烟火灾探测器的报警信号应联动控制防火卷帘下降至距楼板面 1.8m 处；任 1 只专门用于联动防火卷帘的感温火灾探测器的报警信号应联动控制防火卷帘下降到楼板面；在卷帘的任一侧距卷帘纵深 0.5～5m 内应设置不少于 2 只专门用于联动防火卷帘的感温火灾探测器。该建筑模拟火警联动防火卷帘的 1 只专用感温探测器动作，联动控制疏散走道的防火卷帘下降至楼地面 1.8m 处，不符合规范要求，应采用感烟探测器。

（3）下列场所宜选择点型感烟火灾探测器：

1）饭店、旅馆、教学楼、办公楼的厅堂、卧室、办公室、商场、列车载客车厢等。

2）楼梯、走道、电梯机房、车库等。该建筑汽车库设置感温探测器，不符合规范要求。

（4）厨房、锅炉房、发电机房、烘干车间等不宜安装感烟火灾探测器的场所。该建筑柴油发电机设置点型感烟探测器，不符合规范要求。

（5）电缆隧道、电缆竖井、电缆夹层、电缆桥架宜选择缆式线型感温火灾探测器。该建筑电缆竖井设置点型感烟探测器，不符合规范要求。

（6）每个防火分区应至少设置 1 只手动火灾报警按钮。该建筑每层各设置了 1 只手动火灾报警按钮，数量不满足要求。

（7）每个报警区域内的模块宜相对集中地设置在本报警区域内的金属模块箱中。该建筑消防模块集中安装在楼层配电箱内，不符合规范要求。

（8）剩余电流式电气火灾监控探测器不宜设置在 IT 系统的配电线路和消防配电线路中。该建筑配电箱内设置有剩余电流式火灾探测器，不符合规范要求。

（9）火灾自动报警系统主电源不应设置剩余电流动作保护和过负荷保护装置。该建筑火灾报警控制器电源线路设有过电压保护装置，不符合规范要求。

（10）火灾自动报警系统的供电线路、消防联动控制线路应采用耐火铜芯电线电缆，报警总线、消防应急广播和消防专用电话等传输线路应采用阻燃或阻燃耐火电线电缆。该火灾自动报警供电线路、消防联动控制线路采用阻燃耐火电线电缆，不符合规范要求。

（11）线路暗敷设时，应采用金属管、可挠（金属）电气导管或 B₁ 级以上的刚性塑料管保护，并应敷设在不燃烧体的结构层内，且保护层厚度不宜小于 30mm；线路明敷设时，应采用金属管、可挠（金属）电气导管或金属封闭线槽保护。矿物绝缘类不燃性电缆可直接明敷。

（12）火灾自动报警系统用的电缆竖井，宜与电力、照明用的低压配电线路电缆竖井分别设置。受条件限制必须合用时，应将火灾自动报警系统用的电缆和电力、照明用的低压配电线路电缆分别布置在竖井的两侧。该建筑将火灾自动报警系统电缆与电力、照明用的低压配电线路电缆设在了同一个电缆竖井一侧的墙面上，不符合规范要求。

（二）气体灭火系统

（1）该建筑配电室和电子设备间设置 IG541 预制灭火系统，一个防护区的面积不宜大于 $500m^2$，且容积不宜大于 $1600m^3$。一个防护区设置的预制灭火系统，其装置数量不宜超过 10 台。同一防护区内的预制灭火系统装置多于 1 台时，必须能同时启动，其动作响应时差不得多于 2s。防护区内设置的预制灭火系统的充压压力不应大于 2.5MPa。当 IG541 混合气体灭火剂喷放至设计用量的 95％时，其喷放时间不应多于 60s，且不应少于 48s。

（2）气体灭火控制器直接连接火灾探测器时，气体灭火系统的自动控制方式应符合下列规定：

1）应由同一防护区域内 2 只独立的火灾探测器的报警信号、1 只火灾探测器与 1 只手动火灾报警按钮的报警信号或防护区外的紧急启动信号，作为系统的联动触发信号，探测器的组合宜采用感烟火灾探测器和感温火灾探测器，各类探测器应按规范的规定分别计算保护面积。

2）气体灭火控制器在接收到满足联动逻辑关系的首个联动触发信号后，应启动设置在该防护区内的火灾声光警报器，且联动触发信号应为任一防护区域内设置的感烟火灾探测器、其他类型火灾探测器或手动火灾报警按钮的首次报警信号；在接收到第二个联动触发信号后，应发出联动控制信号，且联动触发信号应为同一防护区域内与首次报警的火灾探测器或手动火灾报警按钮相邻的感温火灾探测器、火焰探测器或手动火灾报警按钮的报警信号。该建筑模拟启动防护区内的一只烟感探测器，防护区外的声光报警器也启动，不符合规范要求。

（3）该建筑设置了预制灭火系统，该系统应设自动控制和手动控制两种启动方式。

（4）气体灭火系统的操作与控制，应包括对开口封闭装置、通风机械和防火阀等设备的联动操作与控制。该建筑联动时，关闭开口封闭装置，不符合规范要求，应启动开口封闭装置。

（三）防烟排烟系统

（1）建筑高度大于 50m 的公共建筑、工业建筑和建筑高度大于 100m 的住宅建筑，其防烟楼梯间、独立前室、共用前室、合用前室及消防电梯前室应采用机械加压送风系统。该建筑的防烟楼梯间及其前室、消防电梯间前室或合用前室、避难层（间）应设置防烟设施。该建筑为超高层建筑，建筑高度大于 100m 的建筑，其机械加压送风系统应竖向分段独立设置，且每段高度不应超过 100m。

（2）排烟风机、补风机的控制方式应符合下列规定：

1）现场手动启动；

2）火灾自动报警系统自动启动；

3）消防控制室手动启动；

4）系统中任一排烟阀或排烟口开启时，排烟风机、补风机自动启动；

5）排烟防火阀在 280℃时应自行关闭，并应联锁关闭排烟风机和补风机。该建筑先启动排烟风机、后启动排烟口，不符合规范要求。

（3）机械排烟系统中的常闭排烟阀或排烟口应具有火灾自动报警系统自动开启、消防控制室手动开启和现场手动开启功能，其开启信号应与排烟风机联动。当火灾确认后，火灾自动报警系统应在15s内联动开启相应防烟分区的全部排烟阀、排烟口、排烟风机和补风设施，并应在30s内自动关闭与排烟无关的通风、空调系统。该建筑35s关闭排风口，不符合要求。

（4）当火灾确认后，担负2个及以上防烟分区的排烟系统，应仅打开着火防烟分区的排烟阀或排烟口，其他防烟分区的排烟阀或排烟口应呈关闭状态。该建筑发生火灾时，打开全部排烟口，不符合规范。

三、练习题

根据以上材料，回答下列问题：

1. 指出火灾报警系统各类组件的设置存在的问题，并提出改正措施。
2. 指出建筑内消防供电中存在的问题，并说明理由。
3. 指出本案例中防烟排烟系统联动控制设计存在的问题，并说明理由。
4. 指出本案例中气体灭火系统联动控制设计存在的问题，并说明理由。
5. 指出本案例中防火卷帘联动控制设计存在的问题，并说明理由。
6. 指出火灾自动报警系统的布线是否合理，并说明理由。

【参考答案】

1. 答：

（1）探测器设置存在问题：

1）柴油发电机设置点型感烟探测器，不正确。

措施：应采用点型感温探测器。

2）商场中庭设置点型感烟探测器，不正确。

措施：应采用红外光束感烟探测器。

3）汽车库设置感温探测器，不正确。

措施：应采用点型感烟探测器。

4）电缆竖井设置点型感烟探测器，不正确。

措施：应采用缆式线型感温探测器。

（2）每层各设置了1个手动火灾报警按钮，不正确。

措施：每个防火分区应至少设置1只手动火灾报警按钮。每层4000m²，应划分为2个防火分区，所以每层至少设置2只手动火灾报警按钮。

（3）消防模块集中安装在楼层配电箱内，不正确。

措施：集中设在本报警区域内的金属模块箱中，严禁设在配电柜内。

2. 答：

（1）配电箱内设置有剩余电流式火灾探测器，不正确。

理由：剩余式电流式火灾探测器不宜设在IT系统和消防配电线路中。

（2）火灾报警控制器电源线路设有过电压保护装置，不正确。

理由：消防负荷配电线路不能设剩余电流动作保护和过欠电压保护装置。

3. 答：

（1）在地下汽车库模拟 1 只感烟探测器信号，并按下同一防火分区的 1 只手动报警按钮，不正确。

理由：应按下同一防烟分区的手动报警按钮。

（2）先启动排烟风机、后启动排烟口不符合规范要求，联动逻辑错误。

理由：应先打开排烟口、后打开排烟风机。

（3）打开全部排烟口，不符合规范。

理由：应打开同一防烟分区内的所有排烟口。

（4）35s 关闭排风口，不符合要求。

理由：应在 30s 内自动关闭与排烟无关的通风、空调系统。

4. 答：

（1）模拟启动防护区内的一只烟感探测器，防护区内外的声光报警器启动，不正确。

理由：应只有防护区内的声光报警器启动。

（2）关闭开口封闭装置，不正确。

理由：应启动开口封闭装置。

（3）同时启动防护区外表示气体喷洒的指示灯，不正确。

理由：气体喷放指示灯应与压力信号器（自锁压力开关）联动启动。

5. 答：

（1）模拟火警，联动防火卷帘的 1 只专用感温探测器动作，联动控制疏散走道的防火卷帘下降至楼地面 1.8m 处，不正确。

理由：应为同一防火分区内的 2 只感烟探测器或 1 只专用的感烟探测器。

（2）使同一防烟分区的另 1 只专用感温探测器动作，联动控制器直接联动控制防火卷帘下降到楼地面，不正确。

理由：不能由联动控制器直接联动控制防火卷帘下降到楼地面，而应由防火卷帘控制器来控制其下降。

6. 答：

（1）该建筑将火灾自动报警系统电缆与电力、照明用的低压配电线路电缆设在同一个电缆竖井一侧的墙面上，不正确。

理由：受条件限制必须合用时，应将火灾自动报警系统用的电缆和电力、照明用的低压配电线路电缆分别布置在竖井的两侧。

（2）火灾自动报警供电线路、消防联动控制线路采用阻燃耐火电线电缆，不正确。

理由：火灾自动报警系统的供电线路、消防联动控制线路应采用耐火铜芯电线电缆，报警总线、消防应急广播和消防专用电话等传输线路应采用阻燃或阻燃耐火电线电缆。

案例十一　商业综合体火灾自动报警系统案例分析

一、情景描述

某商业综合体建筑，地下 3 层，地上 14 层，层高均为 4.0m，每层面积为 2800m²，每层划分为一个防火分区，防烟分区间采用电动挡烟垂壁。中间部位设有长 20m×宽 18m 的中庭（贯穿一至六层），中庭和回廊之间设有防火卷帘。该建筑按规范要求设置了自动喷水灭火系统、火灾自动报警系统、防烟排烟系统（楼梯间及前室采用机械加压送风）、气体灭火系统等消防设施。

某消防检测维保公司对该建筑进行年度检测，记录如下：

1. 火灾自动报警系统检测

检测人员切断火灾报警控制器与备用电源之间的连接，火灾报警控制器显示故障，恢复控制器与备用电源之间的连接，切断火灾报警控制器的主电源，火灾报警控制器自动切换到备用电源工作；使某点型感烟火灾探测器底座上的总线接线端子短路，控制器在 90s 时发出故障报警信号，又用发烟器对周围另一点型感烟探测器加烟，火灾报警控制器未发出火警信号。

2. 防烟排烟系统功能检测

检测人员触发八楼某楼梯间前室所在防火分区的 2 只点型感烟探测器，该楼梯间加压送风机启动，该楼梯间连通的七至九层前室的送风口开启，加压送风机启动，八层的电动挡烟垂壁在 80s 时下降到位；之后检测人员又触发十层某一防烟分区的两个感烟探测器，十层各防烟分区的排烟口及排烟风机启动；系统复位后检测人员通知控制中心人员通过键盘输入的手动方式直接打开排烟口和排烟风机，排烟口和排烟风机正常动作；测试过程中，各组件的动作信号均反馈至消防联动控制器。

3. 防火卷帘功能检测

检测人员对一楼疏散通道处设置的防火卷帘进行联动功能测试，由于防火卷帘处未设置专用感烟探测器，先对防火卷帘所在防火分区的 2 只感烟探测器加烟报警，防火卷帘下降 1.8m；接着触发 1 只专用的感温探测器，卷帘直接下降到楼板面。检查发现该防火卷帘两侧 0.5m 范围内分别设置 1 只专用感温探测器。

4. 气体灭火系统功能检测

该建筑配电室设置单元独立的七氟丙烷灭火系统，储瓶间共有 10 个储气瓶；检测人员对该防护区进行模拟喷气试验，先触发该防护区内的 1 只感烟探测器，防护区内外声光警报器动作，接着触发另外 1 只感温探测器，气体灭火控制器发出启动气体灭火装置（显示倒计时时间 30s）、关闭无关设备，本次试验喷放七氟丙烷储存容器数为 2 个，消防联动控制器仅收到 2 只火灾探测器的反馈信号。

二、关键知识点及依据

（一）火灾自动报警系统

（1）火灾自动报警系统形式的选择，应符合下列规定：

1）仅需要报警不需要联动自动消防设备的保护对象，宜采用区域报警系统。

2）不仅需要报警，同时需要联动自动消防设备，且只设置1台具有集中控制功能的火灾报警控制器和消防联动控制器的保护对象，应采用集中报警系统，并应设置一个消防控制室。

3）设置两个及以上消防控制室的保护对象，或已设置两个及以上集中报警系统的保护对象，应采用控制中心报警系统。

该建筑设有需要联动的消防设施，应设置集中报警系统或控制中心报警系统。对于中庭等大空间场所，不宜设置点型感烟、感温探测器，宜设置火焰探测器或线型光束感烟火灾探测器。

（2）该建筑防火卷帘的升降应由防火卷帘控制器控制。

（3）疏散通道上设置的防火卷帘的联动控制设计，应符合下列规定：

1）联动控制方式，防火分区内任2只独立的感烟火灾探测器或任1只专门用于联动防火卷帘的感烟火灾探测器的报警信号应联动控制防火卷帘下降至距楼板面1.8m处；任一只专门用于联动防火卷帘的感温火灾探测器的报警信号应联动控制防火卷帘下降到楼板面；在卷帘的任一侧距卷帘纵深0.5～5m内应设置不少于2只专门用于联动防火卷帘的感温火灾探测器。

2）手动控制方式，应由防火卷帘两侧设置的手动控制按钮控制防火卷帘的升降。该建筑防火卷帘所在防火分区的2只感烟探测器加烟联动防火卷帘下降1.8m，不符合规范要求。该建筑防火卷帘两侧0.5m范围内分别设置1只专用感温探测器，不符合规范要求。

（二）气体灭火系统

（1）该建筑配电室设置单元独立的七氟丙烷灭火系统，灭火剂设计喷放时间不应多于10s，灭火设计浓度宜采用9%。防护区宜以单个封闭空间划分；同一区间的吊顶层和地板下需同时保护时，可合为一个防护区；采用管网灭火系统时，一个防护区的面积不宜大于800m²，且容积不宜大于3600m³。防护区应设置泄压口，七氟丙烷灭火系统的泄压口应位于防护区净高的2/3以上。喷放灭火剂前，防护区内除泄压口外的开口应能自行关闭。

（2）模拟喷气试验的条件应符合下列规定：

1）IG541混合气体灭火系统及高压二氧化碳灭火系统应采用其充装的灭火剂进行模拟喷气试验。试验采用的储存容器数应为选定试验的防护区或保护对象设计用量所需容器总数的5%，且不得少于1个。

2）低压二氧化碳灭火系统应采用二氧化碳灭火剂进行模拟喷气试验。试验应选定输送管道最长的防护区或保护对象进行，喷放量不应小于设计用量的10%。

3）卤代烷灭火系统模拟喷气试验不应采用卤代烷灭火剂，宜采用氮气，也可采用压缩空气。氮气或压缩空气储存容器与被试验的防护区或保护对象用的灭火剂储存容器的结构、型号、规格应相同，连接与控制方式应一致，氮气或压缩空气的充装压力按设计要求执行。氮气或压缩空气储存容器数不应少于灭火剂储存容器数的20%，且不得少于1个。

4）模拟喷气试验宜采用自动启动方式。该建筑模拟喷气试验不符合规范要求，应采用氮气或压缩空气进行模拟喷气试验。

（三）防烟排烟系统

（1）该建筑高度大于 50m，建筑高度超过 50m 的公共建筑，其排烟系统应竖向分段独立设置，且公共建筑每段高度不应超过 50m，每个防火分区的机械排烟系统应独立设置。该建筑层高为 4m，每个防烟分区面积不应超过 1000m²，且防烟分区长边不应超过 36m。

（2）当防火分区内火灾确认后，应能在 15s 内联动开启常闭加压送风口和加压送风机，并应符合下列规定：

1）应开启该防火分区楼梯间的全部加压送风机；

2）应开启该防火分区内着火层及其相邻上下层前室及合用前室的常闭送风口，同时开启加压送风机。该建筑发生火灾时，仅打开一部楼梯间前室的送风口，不符合规范要求。

（3）应由同一防烟分区内且位于电动挡烟垂壁附近的 2 只独立的感烟火灾探测器的报警信号，作为电动挡烟垂壁降落的联动触发信号，并应由消防联动控制器联动控制电动挡烟垂壁的降落。该建筑挡烟垂壁由同一防火分区的探测器作为触发信号被打开，且降落时间超过 60s，不符合规范要求。

（4）防烟系统、排烟系统的手动控制方式，应能在消防控制室内的消防联动控制器上手动控制送风口、电动挡烟垂壁、排烟口、排烟窗、排烟阀的开启或关闭及防烟风机、排烟风机等设备的启动或停止，防烟、排烟风机的启动、停止按钮应采用专用线路直接连接至设置在消防控制室内的消防联动控制器的手动控制盘，并应直接手动控制防烟、排烟风机的启动、停止。该建筑的控制中心人员通过键盘输入的手动方式直接打开排烟口和排烟风机，不符合规范要求。

三、练习题

根据以上材料，回答下列问题：

1. 用发烟器对周围另一探测器加烟，控制器未发出火警信号的原因可能有哪些？

2. 该建筑防烟排烟系统的联动控制功能是否正常？为什么？

3. 该建筑防火卷帘功能测试及专用的探测器设置存在哪些问题？为什么？

4. 检测人员对该建筑气体灭火系统进行的模拟喷气试验是否正确？若不正确，应该怎么做？

5. 气体灭火系统的联动控制是否正确？为什么？消防联动控制器还需要接收到哪些组件的反馈信号？

【参考答案】

1. 答：

（1）2 只探测器由 1 只总线短路隔离器保护。

（2）该探测器自身故障。

（3）探测器和火灾报警控制器之间连线故障。

2. 答：

（1）触发 8 层某楼梯间前室所在防火分区的 2 只点型感烟探测器，该楼梯间加压送风机启动，该楼梯间连通的七至九层前室的送风口开启，加压送风机启动，存在问题。

理由：每个防火分区至少有 2 个疏散楼梯，应启动本防火分区所有楼梯间及七至九层前室的机械加压送风系统。

（2）八层的电动挡烟垂壁在 80s 时下降到位存在问题。

理由：

1）电动挡烟垂壁应由同一防烟分区且位于电动挡烟垂壁附近的 2 只感烟探测器联动控制。

2）电动挡烟垂壁应在 60s 内下降到位。

（3）触发十层某一防烟分区的 2 只感烟探测器，十层各防烟分区的排烟口启动，存在问题。

理由：同一防烟分区内的 2 只感烟探测器仅联动开启本防烟分区的排烟口。

（4）控制中心人员通过键盘输入的手动方式直接打开排烟风机，存在问题。

理由：排烟风机应由消防联动控制器上的多线控制盘直接远程手动控制启停。

3. 答：

（1）防火卷帘所在防火分区的 2 只感烟探测器加烟联动防火卷帘下降 1.8m 存在问题。

理由：防火分区内任 2 只独立的感烟火灾探测器应联动控制疏散通道上防火卷帘下降至距楼板面 1.8m 处。

（2）防火卷帘两侧 0.5m 范围内分别设置 1 只专用感温探测器存在问题。

理由：

1）在卷帘的任一侧距卷帘纵深 0.5～5m 内应设置不少于 2 只专门用于联动防火卷帘的感温火灾探测器；

2）本建筑设置位置在 0.5m 范围内，且任一侧至少 2 只感温探测器。

4. 答：

（1）模拟喷气试验不正确。

（2）正确做法：应采用氮气或压缩空气进行模拟喷气试验，氮气或压缩空气储存容器与被试验的防护区或保护对象用的灭火剂储存容器的结构、型号、规格应相同，连接与控制方式应一致，且充装压力按设计要求执行。喷放的容器数不应少于灭火剂储存容器数的 20%，且不得少于 1 个。

5. 答：不正确。

理由：

1）触发该防护区内的 1 只感烟探测器，防护区外的声光警报器动作不正确；防护区外的声光警报器应由防护区内两个探测器的信号联动控制。

2）消防联动控制器还应接收到压力开关的反馈信号。

案例十二　会展中心火灾自动报警系统案例分析

一、情景描述

某会展中心，总建筑面积为 107000m²，地上 10 层，一至二层为会展中心共享大厅，室内净空高度为 14m。三至十层为各类展区，室内净空高度为 4.5m。地下二层，为设备用房及汽车库。该建筑按规范要求设置了火灾自动报警系统、应急照明和疏散指示系统及气体灭火系统等建筑消防设施。消防技术服务机构受业主委托，对相关消防设施进行检测，有关情况如下：

1. 火灾自动报警系统功能检测

检测单位对共享大厅红外光束感烟探测器进行检测，调整探测器的光路调节装置，使反射式探测器处于正常监视状态，在探测器正前方 0.3m 处进行检查，用减光率为 0.9dB 的减光片遮挡光路，探测器发出火灾报警信号；用减光率为 9.5dB 的减光片遮挡光路，探测器发出故障信号。其次，对火灾自动报警系统的备用电源进行检查，发现火灾报警控制器发出故障声报警，备用电源故障指示灯点亮。

2. 气体灭火系统功能检测

数据存储中心（平时有人值班）采用气体灭火系统进行保护。气体灭火控制器与探测器直接连接，检测人员触发数据存储中心内的 1 只感烟火灾探测器，防护区内的声光警报器和防护区外表示气体喷洒的声光警报器同时响起，随后按下数据存储中心内的 1 只手动火灾报警按钮，气体灭火控制器设有响应，随后检测人员按下存储中心门外的手动紧急启动按钮，气体灭火控制器发出联动控制信号：①关闭防护区域的送（排）风机及送（排）风阀门；②停止通风和空气调节系统及关闭设置在该防护区域的电动防火阀；③联动控制防护区域开口封闭装置的启动，包括关闭防护区域的门、窗；④启动气体灭火装置（20s 延迟）。

3. 应急照明和疏散指示功能检测

系统由应急照明控制器、集中电源及消防应急灯具组成。使应急照明控制器与集中电源通信中断，集中电源控制其配接的消防应急灯具转入应急点亮模式。恢复通信后，在三层触发 2 只火灾探测器，火灾报警控制器输出火灾报警信号，应急照明控制器控制系统自动应急启动，系统主电源断电后，疏散走道上的标志灯具（IP55）转入应急点亮状态，集中电源转入蓄电池输出。系统应急启动后，蓄电池电源供电时持续工作 0.5h，会展中心疏散走道地面水平照度为 2.0lx。

该建筑竣工后的应急照明和疏散指示系统的系统验收记录见表 3-12-1。

表 3-12-1 系统验收记录

项目 1 系统控制逻辑编程记录的齐全性	项目 2 系统在蓄电池电源供电状态下的持续应急工作时间	项目 3 标志灯指示状态改变控制功能
项目 4 系统部件的现场设置情况记录符合性	项目 5 疏散走道地面水平照度	项目 6 灯具的防护等级
项目 7 集中电源的应急启动功能	项目 8 灯具应急状态的保持功能	项目 9 集中电源的联锁控制功能

二、关键知识点及依据

（一）火灾自动报警系统

（1）对线型红外光束感烟探测器的火灾报警功能、复位功能进行检查并记录，探测器的火灾报警功能、复位功能应符合下列规定：

1）调整探测器的光路调节装置，使探测器处于正常监视状态。

2）用减光率为 0.9dB 的减光片或等效设备遮挡光路，探测器不应发出火灾报警信号。

3）应采用产品生产企业设定减光率（1.0～10.0dB）的减光片或等效设备遮挡光路，探测器的火警确认灯应点亮并保持，火灾报警控制器的火灾报警和信息显示功能应符合规范的规定。

4）应采用减光率为 11.5dB 的减光片或等数设备遮挡光路，探测器的火警或故障确认灯应点亮，火灾报警控制器的火灾报警、故障信息和信息显示功能应符合规范规定。

5）选择反射式探测器时，应在探测器正前方 0.5m 处按规范的规定对探测器的火灾报警功能进行检查。

6）撤除减光片或等效设备，手动操作控制器的复位键后，控制器应处于正常监视状态，探测器的火警确认灯应熄灭。

该案例中对反射式探测器检查时，应在其正前方 0.5m 处操作，采用 0.9dB 的减光片遮挡时，不发出报警信号；当采用 1.0～10.0dB 的减光片遮挡时，火警确认灯应点亮并保持。

（2）备用电源常见故障：

1）故障现象：火灾报警控制器发出故障声报警，备用电源故障指示灯点亮，控制器显示故障类型、故障时间；打印机打印备用电源故障类型、故障时间。

2）故障原因分析：备用电源损坏或电压不足；备用电源接线接触不良；备用电源熔丝熔断。

3）故障处理：对备用电源连续充电 24h，控制器仍显示备用电源故障时，更换备用电源；备用电源接线接触不良时，用烙铁焊接备用电源的连接线，使备用电源与主机良好接触；备用电源熔丝熔断时，更换熔丝。

该案例中火灾报警控制器上发出故障声音警报及故障指示灯点亮，代表其备用电源存在故障。

（3）气体灭火控制器、泡沫灭火控制器直接连接火灾探测器时，气体灭火系统、泡沫灭火系统的自动控制方式应符合下列规定：

1）应由同一防护区域内 2 只独立的火灾探测器的报警信号、1 只火灾探测器与 1 只手动火灾报警按钮的报警信号或防护区外的紧急启动信号，作为系统的联动触发信号。

2）气体灭火控制器、泡沫灭火控制器在接收到满足联动逻辑关系的首个联动触发信号后，应启动设置在该防护区内的火灾声光警报器，且联动触发信号应为任一防护区域内设置的感烟火灾探测器、其他类型火灾探测器或手动火灾报警按钮的首次报警信号；在接收到第二个联动触发信号后，应发出联动控制信号，且联动触发信号应为同一防护区域内与首次报警的火灾探测器或手动火灾报警按钮相邻的感温火灾探测器、火焰探测器或手动火灾报警按钮的报警信号。

3）联动控制信号应包括下列内容：关闭防护区域的送（排）风机及送（排）风阀门；停止通风和空气调节系统及关闭设置在该防护区域的电动防火阀；联动控制防护区

域开口封闭装置的启动，包括关闭防护区域的门、窗；启动气体灭火装置、泡沫灭火装置，气体灭火控制器、泡沫灭火控制器，可设定不大于30s的延迟喷射时间。

4）气体灭火防护区出口外上方应设置表示气体喷洒的火灾声光警报器，指示气体释放的声信号应与该保护对象中设置的火灾声警报器的声信号有明显区别。启动气体灭火装置、泡沫灭火装置的同时，应启动设置在防护区入口处表示气体喷洒的火灾声光警报器。

5）气体灭火系统、泡沫灭火系统的手动控制方式应符合下列规定：

在防护区疏散出口的门外应设置气体灭火装置、泡沫灭火装置的手动启动和停止按钮，手动启动按钮按下时，气体灭火控制器、泡沫灭火控制器应执行符合规范规定的联动操作；手动停止按钮按下时，气体灭火控制器、泡沫灭火控制器应停止正在执行的联动操作。

该案例中接收到感烟探测器信号后，气体灭火控制器应启动设置在该防护区内的火灾声光警报器，接收到第二个信号后，才会启动防护区外的声光警报器。

（二）消防应急照明和疏散指示系统

（1）灯具的选择应符合下列规定：

设置在距地面8m及以下的灯具的电压等级及供电方式应符合下列规定：应选择A型灯具；地面上设置的标志灯应选择集中电源A型灯具。

（2）标志灯的规格应符合下列规定：室内高度为3.5～4.5m的场所，应选择大型或中型标志灯。

（3）灯具及其连接附件的防护等级应符合下列规定：在室外或地面上设置时，防护等级不应低于IP67。

（4）系统自动应急启动的设计应符合下列规定：

1）应由火灾报警控制器或火灾报警控制器（联动型）的火灾报警输出信号作为系统自动应急启动的触发信号。

2）应急照明控制器接收到火灾报警控制器的火灾报警输出信号后，应自动执行以下控制操作：控制系统所有非持续型照明灯的光源应急点亮，持续型灯具的光源由节电点亮模式转入应急点亮模式；A型集中电源应保持主电源输出，待接收到其主电源断电信号后，自动转入蓄电池电源输出。

（5）灯具及其连接附件的防护等级应符合：在室外或地面上设置时，防护等级不应低于IP67。

（6）系统应急启动后，在蓄电池电源供电时的持续工作时间应满足：医疗建筑、老年人照料设施、总建筑面积大于100000m²的公共建筑和总建筑面积大于20000m²的地下、半地下建筑，不应少于1.0h。

（7）系统自动应急启动的设计应符合下列规定：

1）应由火灾报警控制器或火灾报警控制器（联动型）的火灾报警输出信号作为系统自动应急启动的触发信号；

2）应急照明控制器接收到火灾报警控制器的火灾报警输出信号后，应自动执行以下控制操作：控制系统所有非持续型照明灯的光源应急点亮，持续型灯具的光源由节电点亮模式转入应急点亮模式；A型集中电源应保持主电源输出，待接收到其主电源断电信号后，自动转入蓄电池电源输出。

（8）照明灯应采用多点、均匀布置方式，建（构）筑物设置照明灯的部位或场所疏散路径地面水平最低照度应符合表 3-12-2 的规定。

表 3-12-2　照明灯的设置部位或场所及其地面水平最低照度

设置场所及部位	地面水平最低照度
Ⅰ-1. 病房楼或手术部的避难间 Ⅰ-2. 老年人照料设施 Ⅰ-3. 人员密集场所、病房楼或手术部内的楼梯间、前室或合用前室、避难走道 Ⅰ-4. 逃生辅助装置存放处等特殊区域 Ⅰ-5. 屋顶直升机停机坪	不应低于 10.0lx
Ⅱ-1. 除Ⅰ-1 规定的敞开楼梯间、封闭楼梯间、防烟楼梯间及其前室，室外楼梯 Ⅱ-2. 消防电梯间的前室或合用前室 Ⅱ-3. 除Ⅰ-3 规定的避难走道 Ⅱ-4. 寄宿制幼儿园和小学的寝室、医院手术室及重症监护室病人行动不便的病房需要救援人员协助疏散的区域	不应低于 5.0lx
Ⅲ-1. 除Ⅰ-1 规定的避难层（间） Ⅲ-2. 观众厅，展览厅，电影院，多功能厅，建筑面积大于 200m² 的营业厅、餐厅、演播厅，建筑面积超过 400m² 的办公大厅、会议室等人员密集场所 Ⅲ-3. 人员密集厂房内的生产场所 Ⅲ-4. 室内步行街两侧的商铺 Ⅲ-5. 建筑面积大于 100m² 的地下或半地下公共活动场所	不应低于 3.0lx
Ⅳ-1. 除Ⅰ-2、Ⅱ-4、Ⅲ-2～Ⅲ-5 规定场所的疏散走道、疏散通道 Ⅳ-2. 室内步行街 Ⅳ-3. 城市交通隧道两侧、人行横通道和人行疏散通道 Ⅳ-4. 宾馆、酒店的客房 Ⅳ-5. 自动扶梯上方或侧上方 Ⅳ-6. 安全出口外面及附近区域、连廊的连接处两端 Ⅳ-7. 进入屋顶直升机停机坪的途径 Ⅳ-8. 配电室、消防控制室、消防水泵房、自备发电机房等发生火灾时仍需工作、值守的区域	不应低于 1.0lx

（9）根据各项目对系统工程质量影响严重程度的不同，将检测、验收的项目划分为 A、B、C 三个类别：

1）A 类项目应符合下列规定：系统中的应急照明控制器、集中电源、应急照明配电箱和灯具的选型与设计文件的符合性；系统中的应急照明控制器、集中电源、应急照明配电箱和灯具消防产品准入制度的符合性；应急照明控制器的应急启动、标志灯指示状态改变控制功能；集中电源、应急照明配电箱的应急启动功能；集中电源、应急照明配电箱的联锁控制功能；灯具应急状态的保持功能；集中电源、应急照明配电箱的电源分配输出功能。

2）B 类项目应符合下列规定：规范规定资料的齐全性、符合性；系统在蓄电池电源供电状态下的持续应急工作时间。

3）其余项目应为 C 类项目。

（10）系统检测、验收结果判定准则应符合下列规定：

1）A 类项目不合格数量应为 0，B 类项目不合格数量应小于或等于 2，B 类项目不合格数量加上 C 类项目不合格数量应小于或等于检查项目数量的 5%，此时系统检测、验收结果应为合格；

2）不符合合格判定准则的，系统检测、验收结果应为不合格。

该案例中建筑的室内净空高度为 4.5m，且位于地面上，应选择 A 型灯具，且为大、中型灯具；地面上的灯具其防护等级应不低于 IP67，集中电源接收到主电源断电信号后，自动转入蓄电池电源输出。该建筑的应急照明和疏散指示系统验收记录的验收项目的分类，应参照上述依据依次确定为 A、B、C 三类。

三、练习题

根据以上材料，回答下列问题：

1. 指出该建筑线型光束感烟探测器功能检测中出现的问题并说明理由。

2. 指出火灾自动报警系统备用电源故障的原因并提出解决办法。

3. 指出该建筑气体灭火系统功能检测存在的问题并说明理由。

4. 指出该建筑三层应急照明和疏散指示系统地面标志灯应选择什么类型和规格的灯具，并说明理由。指出系统自动应急启动设计是否正确并说明理由。

5. 该建筑应急照明和疏散指示系统验收记录中的验收项目分别属于 A、B、C 哪一类？找出不符合的项目并说明理由（系统控制逻辑编程记录符合要求）。

【参考答案】

1. 答：

（1）用减光率为 0.9dB 的减光片遮挡光路，探测器发出火灾报警信号。

理由：用减光率为 0.9dB 的减光片遮挡光路，探测器不应发出火灾报警信号。

（2）用减光率为 9.5dB 的减光片遮挡光路，探测器发出故障信号。

理由：用减光率为 1.0～10dB 的减光片遮挡光路，探测器应发出火灾报警信号。

（3）使反射式探测器处于正常监视状态，在探测器正前方 0.3m 处进行检查。

理由：选择反射式探测器时，应在探测器正前方 0.5m 处进行检查。

2. 答：

（1）故障原因分析

1）备用电源损坏或电压不足。

2）备用电源接线接触不良。

3）备用电源熔丝熔断。

（2）解决办法

1）对备用电源连续充电 24h，控制器仍显示备用电源故障时，更换备用电源。

2）备用电源接线接触不良时，用烙铁焊接备用电源的连接线，使备用电源与主机良好接触。

3）备用电源熔丝熔断时，更换熔丝。

3. 答：

（1）触发该建筑数据存储中心内的 1 只感烟火灾探测器，防护区内的声光警报器和防护区外表示气体喷洒的声光警报器同时响起。

理由：防护区外的声光警报器属于表示气体喷洒的警报器，应在启动气体灭火装置的同时启动防护区外的声光警报器，且与防护区内的声光警报器的声信号有明显区别。

（2）触发该建筑数据存储中心内的一只感烟火灾探测器，按下数据存储中心内的 1 个手动火灾报警按钮，气体灭火控制器没有响应。

理由：防护区内 1 只探测器与 1 个手动火灾报警按钮的信号符合气体灭火系统的联动触发信号，气体灭火控制器应发出联动控制信号。

4. 答：

（1）三层地面标志灯应选取集中电源 A 型灯具，规格应采用大型或中型灯具。

理由：地面上设置的标志灯应选择集中电源 A 型灯具，室内高度为 3.5～4.5m 的场所，应选择大型或中型标志灯。

（2）疏散走道上的标志灯具（IP55）转入应急点亮状态不正确。

理由：灯具在地面上设置时防护等级不应低于 IP67。

（3）集中电源转入蓄电池输出正确。

理由：A 型集中电源待接收到其主电源断电信号后，自动转入蓄电池电源输出。

5. 答：

（1）A 类：项目 3、项目 7、项目 8、项目 9。

B 类：项目 1、项目 2、项目 4。

C 类：项目 5、项目 6。

（2）不符合判定标准的 B 类缺陷项：项目 2、项目 4。

理由：该建筑总建筑面积为 107000m²，系统在蓄电池电源供电状态下的持续应急工作时间不应少于 1.00h，背景中应急工作时间为 0.5h；会展中心地面水平照度、灯具防护等级等都不符合设计要求，所以系统部件的现场设置情况记录符合性不满足要求。

（3）不符合判定标准的 C 类缺陷项：项目 5、项目 6。

理由：会展中心疏散走道地面最低水平照度不应低于 3.0lx，背景为 2.0lx；疏散走道上的灯具防护等级不应低于 IP67，背景为 IP55。

案例十三　高层商业楼火灾自动报警系统案例分析

一、情景描述

某高层商业楼地上 10 层，地下 1 层，建筑高度为 48m。地下一层主要使用功能为汽车库和设备用房；首层主要使用功能为商业店铺；二至四层主要使用功能为商业店铺和超市；五层使用功能为主题餐厅；六层主要使用功能为电影院；七至十层为办公用房；首层至三层使用中庭连接。

本建筑按国家现行标准规范设有消火栓系统、自动喷水灭火系统、机械防排烟系统、七氟丙烷气体灭火系统、控制中心火灾自动报警系统、建筑灭火器等。本建筑的火灾自动报警系统主要由火灾探测器、手动报警按钮、火灾报警控制器、消防联动控制器、消防广播、警报装置、消防电话等组成；消防控制室设置在首层。

火灾探测器采用点型感烟火灾探测器、点型感温火灾探测器。点型感烟火灾探测器主要设在商场、办公室、机房、设备用房等独立房间内和走道；点型感温火灾探测器主要设在汽车库、厨房等处。

商业楼内的各个疏散走道上安装有防火卷帘60樘，同时每层按照规定设置了灭火器，灭火器的规格、数量、位置均符合要求，该商业楼内均采用MF/ABC6型灭火器。

2019年5月，该商业楼物业管理单位委托有相关资质的检测机构开展消防检测，发现以下情况：

（1）商业楼内设置的灭火器有10具灭火器的生产日期为2009年3月1日，其他80具灭火器的生产日期均为2014年6月3日。

（2）信息机房设置的七氟丙烷气体灭火系统，气体灭火控制器接收到第一个火灾探测器报警信号，防护区外的火灾声光警报器启动。接收到第二个火灾探测器报警信号，延迟多于30s后，容器阀开启后选择阀打开，气体喷放指示灯工作。

（3）触发设置在疏散走道上的任意2只独立感烟探测器，防火卷帘下降至距地面1.5m处，再按下手动报警按钮下降到地面。

（4）在六层模拟火灾发生时，首层至六层的消防广播与火灾声警报器立即同时工作，且测得六层电影院火灾警报器的声压级为100dB（电影院背景噪声约90dB）。

（5）将联动控制器设置为自动工作方式，在八层走道触发任意1只独立感烟探测器，控制器输出排烟阀启动信号，该层排烟阀打开，然后按下同一防火分区1只手动火灾报警按钮，排烟风机仍未启动。按下排烟风机现场电控箱上的手动启动按钮，排烟风机正常启动。

二、关键知识点及依据

（一）火灾自动报警系统

（1）气体灭火控制器、泡沫灭火控制器直接连接火灾探测器时，气体灭火系统、泡沫灭火系统的自动控制方式应符合下列规定：

1）气体灭火控制器、泡沫灭火控制器在接收到满足联动逻辑关系的首个联动触发信号后，应启动设置在该防护区内的火灾声光警报器。

2）联动控制信号应包括下列内容：关闭防护区域的送（排）风机及送（排）风阀门；停止通风和空气调节系统及关闭设置在该防护区域的电动防火阀；联动控制防护区域开口封闭装置的启动，包括关闭防护区域的门、窗；启动气体灭火装置、泡沫灭火装置，气体灭火控制器、泡沫灭火控制器，可设定不大于30s的延迟喷射时间。

（2）疏散通道上设置的防火卷帘的联动控制设计，应符合下列规定：联动控制方式，防火分区内任2只独立的感烟火灾探测器或任1只专门用于联动防火卷帘的感烟火灾探测器的报警信号应联动控制防火卷帘下降至距楼板面1.8m处；任1只专门用于联动防火卷帘的感温火灾探测器的报警信号应联动控制防火卷帘下降到楼板面；在卷帘的任一侧距卷帘纵深0.5～5m内应设置不少于2只专门用于联动防火卷帘的感温火灾探测器。

（3）火灾自动报警系统应设置火灾声光警报器，并应在确认火灾后启动建筑内的所有火灾声光警报器。

（4）消防应急广播系统的联动控制信号应由消防联动控制器发出。当确认火灾后，应同时向全楼进行广播。

（5）火灾声警报器单次发出火灾警报时间宜为 8～20s，同时设有消防应急广播时，火灾声警报应与消防应急广播交替循环播放。

（6）消防应急广播扬声器的设置，应符合下列规定：在环境噪声大于 60dB 的场所设置的扬声器，在其播放范围内最远点的播放声压级应高于背景噪声 15dB。

（7）排烟系统的联动控制方式应符合下列规定：

1）应由同一防烟分区内的 2 只独立的火灾探测器的报警信号，作为排烟口、排烟窗或排烟阀开启的联动触发信号，并应由消防联动控制器联动控制排烟口、排烟窗或排烟阀的开启，同时停止该防烟分区的空气调节系统。

2）应由排烟口、排烟窗或排烟阀开启的动作信号，作为排烟风机启动的联动触发信号，并应由消防联动控制器联动控制排烟风机的启动。

该案例中气体灭火系统的联动控制应按照两步走的策略，当接收到第一个信号时，接收到第二个信号后该联动控制特定的设施启动或关闭，且气体灭火系统的延迟时间是不超过 30s 的。该建筑中的防火卷帘应区分疏散走道上的防火卷帘和非疏散走道上的防火卷帘，并按照对应的联动控制程序去执行操作；该建筑中的火灾声警报器与应急广播应循环交替播放，且其播放范围内最远点的播放声压级应高于背景噪声 15dB。该建筑中的排烟系统应按照符合规定的联动控制模式进行联动控制，同一防烟分区内的两组独立的报警信号只能开启防烟分区内的排烟阀，并不能开启整层的排烟阀。

（二）建筑灭火器系统

（1）灭火器的维修期限应符合表 3-13-1 的规定。

表 3-13-1　灭火器的维修期限

灭火器类型		维修期限
水基型灭火器	手提式水基型灭火器	出厂期满 3 年 首次维修以后每满 1 年
	推车式水基型灭火器	
干粉灭火器	手提式（储压式）干粉灭火器	出厂期满 5 年 首次维修以后每满 2 年
	手提式（储气瓶式）干粉灭火器	
	推车式（储压式）干粉灭火器	
	推车式（储气瓶式）干粉灭火器	
洁净气体灭火器	手提式洁净气体灭火器	
	推车式洁净气体灭火器	
二氧化碳灭火器	手提式二氧化碳灭火器	
	推车式二氧化碳灭火器	

（2）灭火器出厂时间达到或超过表 3-13-2 规定的报废期限时应报废。

表 3-13-2　灭火器的报废期限

灭火器类型		报废期限（年）
水基型灭火器	手提式水基型灭火器	6
	推车式水基型灭火器	
干粉灭火器	手提式（储压式）干粉灭火器	10
	手提式（储气瓶式）干粉灭火器	
	推车式（储压式）干粉灭火器	
	推车式（储气瓶式）干粉灭火器	
洁净气体灭火器	手提式洁净气体灭火器	
	推车式洁净气体灭火器	
二氧化碳灭火器	手提式二氧化碳灭火器	12
	推车式二氧化碳灭火器	

该案例中均采用了 MF/ABC6 型灭火器，该灭火器的全称是 6kg 磷酸铵盐手提式干粉灭火器，则其维修期限为出厂期满 5 年，首次维修以后每满 2 年；其报废年限为出厂期满 10 年。

三、练习题

根据以上材料，回答下列问题：

1. 指出该建筑内的灭火器是否达到报废年限或维修年限，并说明理由。

2. 对于七氟丙烷灭火系统检查结果存在什么问题？系统在接收到第二个火灾探测器报警信号后，还应执行哪些联动操作？

3. 防火卷帘的检查结果是否符合要求？说明理由。

4. 对应急广播和警报器的检查存在什么问题？说明理由。

5. 该商业综合楼排烟系统联动控制功能是否正常？说明理由。联动控制排烟风机没有启动的主要原因有哪些？

【参考答案】

1. 答：

（1）干粉灭火器的报废期限为 10 年，所以，生产日期为 2009 年 3 月 1 日的 10 具灭火器，应于 2019 年 3 月 1 日报废。

（2）干粉灭火器的维修期限为出厂期满 5 年，首次维修以后每满 2 年。所以，出厂日期为 2014 年 6 月 3 日的 80 具灭火器，应于 2019 年 6 月 3 日之前进行首次维修。

2. 答：

（1）检查结果存在的问题：

1）接收到首个火灾探测器报警信号后，防护区外的火灾声光警报器启动不合理，应是防护区内的火灾声光警报器启动。

2）延迟多于 30s 后，容器阀开启后选择阀打开不合理，应不多于 30s，且容器阀应在选择阀开启后或同时打开。

（2）在接收到第二个火灾探测器报警后，还应执行的联动操作包括：

　　1）关闭防护区域的送（排）风机及送（排）风阀门。

　　2）停止通风和空气调节系统及关闭设置在防护区域的电动防火阀。

　　3）联动控制防护区域开口封闭装置的启动，包括关闭防护区域的门、窗。

　　3. 答：不符合要求。

　　理由：（1）疏散走道上防火卷帘应由同一防火分区内 2 只独立的感烟火灾探测器或任 1 只专门用于联动防火卷帘的感烟火灾探测器的报警信号作为防火卷帘下降的首个联动触发信号，联动控制防火卷帘下降至距楼板面 1.8m 处。

　　（2）然后由任 1 只专门用于联动防火卷帘的感温火灾探测器的报警信号作为防火卷帘下降的后续联动触发信号，联动控制防火卷帘下降到楼板面。

　　4. 答：

　　（1）首层至六层的应急广播与火灾声警报器立即同时工作不符合要求。

　　理由：1）全楼的广播和警报器应都启动；

　　2）同时设有消防应急广播和警报器时，火灾声警报应与消防应急广播交替循环播放。

　　（2）火灾警报器的声压级为 100dB 不符合要求。

　　理由：火灾警报器的声压级应高于背景噪声 15dB。火灾警报器的声压级应在 105dB 以上。

　　5. 答：

　　（1）排烟系统联动控制功能不正常。

　　理由：背景中是由 1 只报警信号开启排烟阀，不正确；按下同一防火分区的手动报警按钮也不正确，应选择同一防烟分区的手动报警按钮。规范要求，应由同一防烟分区内的 2 只独立的火灾探测器的报警信号，作为排烟阀开启的联动触发信号，联动控制排烟阀的开启；由排烟阀开启的动作信号，作为排烟风机启动的联动触发信号，联动控制排烟风机的启动。

　　（2）联动控制排烟风机没有启动的主要原因：

　　1）联动逻辑设计错误；

　　2）触发信号没有选择在同一防烟分区；

　　3）输入输出模块故障；

　　4）联动控制线路故障；

　　5）风机控制柜未处于自动状态。

案例十四　高层写字楼火灾自动报警系统案例分析

一、情景描述

　　某高档写字楼，建筑高度为 102.5m，地上 31 层，地下 2 层。首层至四层为商业功能，五层及以上为办公功能，十六层为避难层，地下部分为汽车库和设备用房。标准层建筑面积为 4000m²，层高为 3.8m，首层设有消防控制室。受物业公司委托，检测维保公司对大楼进行年度检测，具体情况如下：

1. 火灾报警控制器（联动型）功能性检测

在二层使某个感烟火灾探测器断路，火灾报警控制器（联动型）82s 时发出故障信号，利用发烟枪触发相邻的感烟火灾探测器后，火灾报警控制器（联动型）一直发出故障信号。

2. 防烟排烟系统

将火灾报警控制器（联动型）置于自动状态下，在十二层利用发烟枪触发走道内相邻的 2 只感烟火灾探测器。写字楼内所有防烟楼梯间前室的加压送风口开启，所有加压送风机开启；十二层的所有排烟口开启，对应的排烟风机开启。

3. 防火卷帘联动控制功能检测

检测人员在首层利用发烟枪触发相邻 2 只感烟火灾探测器，位于二至四层中庭回廊的防火卷帘下降到距楼板面 1.8m 处；位于一层商场部分疏散走道上的防火卷帘直接下降至楼板。

4. 气体灭火系统

平时无人工作的电子计算机房采用单元独立式七氟丙烷灭火系统。

将火灾报警控制器（联动型）和气体灭火控制器设为自动状态。使用其充装的灭火剂进行模拟喷气试验检测，拆开启动钢瓶的启动信号线后与万用表连接，再将万用表调节至直流电压挡。触发电子计算机房所在防火分区内的 1 只感烟火灾探测器发出报警信号，火灾报警控制器（联动型）发出报警信号给气体灭火控制器，由气体灭火控制器联动控制防护区内的声光警报器报警，按下电子计算机房所在防火分区内的 1 只手动火灾报警按钮发出报警信号，火灾报警控制器（联动型）发出报警信号给气体灭火控制器，由气体灭火控制器联动控制防护区外的声光警报器报警。测量延时启动时间为 10s，延迟时间到后，气体灭火控制器发出联动控制信号：①关闭防护区域的排风机及排风阀门。②停止通风和空气调节系统及关闭设置在该防护区域的电动防火阀。③控制防护区域开口封闭装置的启动，包括关闭防护区域的门、窗。④万用表显示电压为 DC24V。完成检测后将系统恢复至准工作状态。

5. 防火门系统

将火灾报警控制器（联动型）设为自动状态。对常开防火门所在楼层的可复位感温火灾探测器使用温度为 45℃的热源加热，火灾报警控制器（联动型）接收到报警信号。再对常开防火门所在楼层的感烟火灾探测器使用发烟装置施放烟气，火灾报警控制器（联动型）接收到报警信号。火灾报警控制器（联动型）联动控制该楼层疏散走道上各个常开防火门关闭，关闭信号反馈至防火门监控器和火灾报警控制器（联动型）。

二、关键知识点及依据

（一）火灾自动报警系统

（1）疏散通道上设置的防火卷帘的联动控制设计，应符合下列规定：

1）联动控制方式：防火分区内任 2 只独立的感烟火灾探测器或任 1 只专门用于联动防火卷帘的感烟火灾探测器的报警信号应联动控制防火卷帘下降至距楼板面 1.8m 处；任 1 只专门用于联动防火卷帘的感温火灾探测器的报警信号应联动控制防火卷帘下

降到楼板面；在卷帘的任一侧距卷帘纵深 0.5～5m 内应设置不少于 2 只专门用于联动防火卷帘的感温火灾探测器。

2）手动控制方式：应由防火卷帘两侧设置的手动控制按钮控制防火卷帘的升降。

（2）非疏散通道上设置的防火卷帘的联动控制设计，应符合下列规定：

1）联动控制方式：应由防火卷帘所在防火分区内任两只独立的火灾探测器的报警信号，作为防火卷帘下降的联动触发信号，并应联动控制防火卷帘直接下降到楼板面。

2）手动控制方式：应由防火卷帘 2 侧设置的手动控制按钮控制防火卷帘的升降，并应能在消防控制室内的消防联动控制器上手动控制防火卷帘的降落。

（3）防烟系统的联动控制方式应符合下列规定：

1）应由加压送风口所在防火分区内的两只独立的火灾探测器或一只火灾探测器与一只手动火灾报警按钮的报警信号，作为送风口开启和加压送风机启动的联动触发信号，并应由消防联动控制器联动控制相关层前室等需要加压送风场所的加压送风口开启和加压送风机启动。

2）应由同一防烟分区内且位于电动挡烟垂壁附近的 2 只独立的感烟火灾探测器的报警信号，作为电动挡烟垂壁降落的联动触发信号，并应由消防联动控制器联动控制电动挡烟垂壁的降落。

（4）气体灭火系统应由专用的气体灭火控制器控制。

（5）气体灭火控制器直接连接火灾探测器时，气体灭火系统的自动控制方式应符合下列规定：

1）应由同一防护区域内 2 只独立的火灾探测器的报警信号、1 只火灾探测器与 1 只手动火灾报警按钮的报警信号或防护区外的紧急启动信号，作为系统的联动触发信号，探测器的组合宜采用感烟火灾探测器和感温火灾探测器。

2）气体灭火控制器在接收到满足联动逻辑关系的首个联动触发信号后，应启动设置在该防护区内的火灾声光警报器，且联动触发信号应为任一防护区域内设置的感烟火灾探测器、其他类型火灾探测器或手动火灾报警按钮的首次报警信号；在接收到第二个联动触发信号后，应发出联动控制信号，且联动触发信号应为同一防护区域内与首次报警的火灾探测器或手动火灾报警按钮相邻的感温火灾探测器、火焰探测器或手动火灾报警按钮的报警信号。

3）联动控制信号应包括下列内容：关闭防护区域的送（排）风机及送（排）风阀门；停止通风和空气调节系统及关闭设置在该防护区域的电动防火阀；联动控制防护区域开口封闭装置的启动，包括关闭防护区域的门、窗；启动气体灭火装置，气体灭火控制器，可设定不多于 30s 的延迟喷射时间。

（6）平时无人工作的防护区，可设置为无延迟的喷射，应在接收到满足联动逻辑关系的首个联动触发信号后按规定执行除启动气体灭火装置外的联动控制；在接收到第二个联动触发信号后，应启动气体灭火装置。

（7）气体灭火防护区出口外上方应设置表示气体喷洒的火灾声光警报器，指示气体释放的声信号应与该保护对象中设置的火灾声警报器的声信号有明显区别。启动气体灭火装置的同时，应启动设置在防护区入口处表示气体喷洒的火灾声光警报器；组合分配系统应首先开启相应防护区域的选择阀，然后启动气体灭火装置。

(8) 防火门系统的联动控制设计，应符合下列规定：

1) 应由常开防火门所在防火分区内的2只独立的火灾探测器或1只火灾探测器与1只手动火灾报警按钮的报警信号，作为常开防火门关闭的联动触发信号，联动触发信号应由火灾报警控制器或消防联动控制器发出，并应由消防联动控制器或防火门监控器联动控制防火门关闭。

2) 疏散通道上各防火门的开启、关闭及故障状态信号应反馈至防火门监控器。火灾报警控制器或火灾报警控制器（联动型）性能要求见表3-14-1。

表 3-14-1　火灾报警控制器或火灾报警控制器（联动型）性能要求

项目	子项（调试、检测、验收内容）	
	调试、检测、验收要求	调试、检测、验收方法
火灾报警控制器或火灾报警控制器（联动型）	火灾探测器、手动火灾报警按钮发出火灾报警信号后，控制器应在10s内发出火灾报警声、光信号，并记录报警时间	使任1只非故障部位的探测器、手动火灾报警按钮发出火灾报警信号，用秒表测量控制器火灾报警响应时间，检查控制器的火警信息记录情况

该案例中火灾报警控制器在发出故障信号时接收到正常的报警信号时，应在10s内发出火灾报警信号；该建筑中庭回廊处的防火卷帘属于非疏散通道上的防火卷帘，在接收到符合逻辑的信号后，应直接下降到楼地面；气体灭火系统的联动触发信号应是同一防护区内的信号，且灭火系统应按规范规定的控制步骤进行联动控制操作。

（二）《气体灭火系统施工及验收规范》（GB 50263—2007）

模拟喷气试验的条件应符合下列规定：

(1) 卤代烷灭火系统模拟喷气试验不应采用卤代烷灭火剂，宜采用氮气，也可采用压缩空气。氮气或压缩空气储存容器与被试验的防护区或保护对象用的灭火剂储存容器的结构、型号、规格应相同，连接与控制方式应一致，氮气或压缩空气的充装压力按设计要求执行。氮气或压缩空气储存容器数不应少于灭火剂储存容器数的20%，且不得少于1个。

(2) 模拟喷气试验宜采用自动启动方式。

该案例中采用的是七氟丙烷灭火系统，那么其模拟喷气试验时的介质应采用氮气或压缩空气，而不能是七氟丙烷灭火剂。

（三）《建筑消防设施检测技术规程》（XF 503—2004）

可复位点型感温探测器，使用温度不低于54℃的热源加热，查看探测器报警确认灯和火灾报警控制器火警信号显示；移开加热源，手动复位火灾报警控制器，查看探测器报警确认灯在复位前后的变化情况。

该案例中可复位感温火灾探测器应使用温度不低于54℃的热源加热，而不是温度为45℃的热源加热。

（四）《建筑防烟排烟系统技术标准》（GB 51251—2017）

(1) 公共建筑、工业建筑防烟分区的最大允许面积及其长边最大允许长度应符合表3-14-2的规定，当工业建筑采用自然排烟系统时，其防烟分区的长边长度尚不应大于建筑内空间净高的 8 倍。

表 3-14-2　公共建筑、工业建筑防烟分区的最大允许面积及其长边最大允许长度

空间净高 H（m）	最大允许面积（m²）	长边最大允许长度（m）
$H \leqslant 3.0$	500	24
$3.0 < H \leqslant 6.0$	1000	36
$H > 6.0$	2000	60m；具有自然对流条件时，不应大于 75m

（2）当防火分区内火灾确认后，应能在 15s 内联动开启常闭加压送风口和加压送风机，并应符合下列规定：

1）应开启该防火分区楼梯间的全部加压送风机；

2）应开启该防火分区内着火层及其相邻上下层前室及合用前室的常闭送风口，同时开启加压送风机。

该案例中防烟系统在接收到满足逻辑的信号后，应开启着火层及其上下层前室的风口及风机，开启防火分区内楼梯间的风机，而排烟系统在接收到满足逻辑的信号后，应开启对应防烟分区内的排烟阀。

三、练习题

根据以上材料，回答下列问题：

1. 指出该建筑火灾自动报警系统中存在的问题，并说明理由。

2. 指出防烟排烟系统联动功能检测是否符合规范要求，并简述理由。

3. 指出防火卷帘联动控制功能检测是否符合规范要求，并简述理由。

4. 判断该建筑气体灭火系统中模拟喷气试验的检测是否正确。如果不正确，指出问题并说明理由。

5. 指出该建筑防火门系统存在的问题，说明其理由。判断感温火灾探测器的报警温度是否正常，并简述可复位感温火灾探测器的检测方法。

【参考答案】

1. 答：在故障状态下，使任一非故障部位的探测器发出火灾报警信号，控制器一直发出的是故障信号。

理由：这种情况下控制器应在 10s 内发出火灾报警信号。

2. 答：

（1）十二层走道内相邻的两只感烟火灾探测器动作，所有防烟楼梯间前室的加压送风口开启，所有的加压送风机开启，不符合规范要求。

理由：应开启十一至十三层防烟楼梯间前室的送风口，同时开启相应的加压送风机。

（2）十二层所有排烟口开启，不符合规范要求。

理由：每层 4000m²，层高 3.8m，每层划分为多个防烟分区。所以应该是对应防烟分区内的排烟口开启。

3. 答：

（1）位于二至四层中庭回廊的防火卷帘联动控制不符合规范要求。

理由：中庭回廊处的防火卷帘属于非疏散通道上的防火卷帘，应由防火卷帘所在防火分区内任 2 只独立的火灾探测器的报警信号，作为防火卷帘下降的联动触发信号，并应联动控制防火卷帘直接下降到楼板面。

（2）商场部分疏散走道上的防火卷帘联动控制不符合规范要求。

理由：这里的防火卷帘属于疏散通道上的防火卷帘，应由防火分区内任 2 只独立的感烟火灾探测器或任 1 只专门用于联动防火卷帘的感烟火灾探测器的报警信号联动控制防火卷帘下降至距楼板面 1.8m 处；任 1 只专门用于联动防火卷帘的感温火灾探测器的报警信号应联动控制防火卷帘下降到楼板面。

4. 答：模拟喷气试验不正确。

（1）使用其充装的灭火剂进行模拟喷气试验检测。

理由：七氟丙烷灭火系统模拟喷气试验不采用七氟丙烷灭火剂，应采用氮气或压缩空气。

（2）先拆开启动钢瓶的启动信号线，与万用表连接，再将万用表调节至直流电压挡。之后进行喷气试验。

理由：断开启动信号线后无法模拟喷气试验。

（3）防火分区内的 1 只感烟火灾探测器发出报警信号，防护区内的 1 只声光警报器报警，防火分区内的手动火灾报警按钮发出报警信号，防护区外的声光警报器报警。接收到 2 个报警信号，延时 10s 后，气体灭火控制器发出联动控制信号。

理由：①由同一防护区域内 2 只独立的火灾探测器的报警信号、1 只火灾探测器与 1 只手动火灾报警按钮的报警信号或防护区外的紧急启动信号，作为系统的联动触发信号，探测器的组合采用感烟火灾探测器和感温火灾探测器。②平时无人工作的防护区，可设置为无延迟的喷射，在接收到满足联动逻辑关系的首个联动触发信号后执行除启动气体灭火装置外的联动控制。在接收到第二个联动触发信号后，启动气体灭火装置。

5. 答：

（1）接收到 2 个报警信号后，火灾报警控制器（联动型）联动控制该楼层疏散走道上各个常开防火门关闭。

理由：①该建筑每层划分 2 个防火分区。②由常开防火门所在防火分区内的 2 只独立的火灾探测器或 1 只火灾探测器与 1 只手动火灾报警按钮的报警信号，作为常开防火门关闭的联动触发信号，联动触发信号由火灾报警控制器或消防联动控制器发出，并由消防联动控制器或防火门监控器联动控制防火门关闭。

（2）报警温度不正常。

（3）方法：对可复位点型感温探测器，使用温度不低于 54℃ 的热源加热，查看探测器报警确认灯和火灾报警控制器火警信号显示；移开加热源，手动复位火灾报警控制器，查看探测器报警确认灯在复位前后的变化情况。

第四篇　消防给水及消火栓系统案例分析

学习要求

通过本篇的学习，了解国家消防法律法规和有关消防工作的方针政策；熟悉《消防给水及消火栓系统技术规范》等国家工程建设消防技术标准规范；掌握建筑消防给水系统及消火栓系统的分类、组成，消防水泵、高位消防水箱、消防水池、增（稳）压设施等供水设施的设置要求，系统的验收、调试及维护管理等相关要求，提高在实际工程建设及使用过程中处理消防给水及消火栓系统问题的能力。

案例十五　高层办公楼消防给水及消火栓系统检查与维保案例分析

一、情景描述

某办公楼，地上 18 层，地下 2 层，建筑高度为 80m，每层面积为 2000m²。该建筑内设有室内外消火栓系统、湿式自动喷水灭火系统、防烟排烟系统、火灾自动报警系统、消防应急照明等消防设施。

消防水泵房设置在地下二层，水泵房内设有消防水池、消火栓泵 2 台（1 用 1 备）及水泵控制柜等设备。消防水池采用 2 路补水管补水，补水量均为 20L/s，室外消防用水由市政给水管网供给，室内消火栓和自动喷水灭火系统用水由消防水池保证，室内消火栓系统的设计流量为 40L/s，自动喷水灭火系统的设计流量为 40L/s。屋顶设置高位消防水箱和稳压泵等稳压装置。

2020 年 3 月，维保单位对该建筑室内消火栓系统进行检查，情况如下：

（1）检查室内消火栓，箱内配置：DN65 消火栓；长度为 30m、公称直径为 65mm 的有内衬里的消防水带；长度为 30m 的消防软管卷盘；当量喷嘴直径为 16mm 的消防水枪。栓口中心距地面的高度为 1.5m。

（2）在地下消防水泵房对消防水池有效容积、水位、供水管等情况进行了检查。

（3）消火栓泵的设计扬程为 1.3MPa，水泵吸水管上设置压力表的最大量程为 0.7MPa，出水管上设置压力表的最大量程为 2.5MPa，并在消防水泵出水管上安装了测量用的流量计和压力计。出水管上止回阀后设置有水锤消除器，消防水泵停泵时，出水管上压力表读数为 1.9MPa。吸水管、出水管上的控制阀均采用明杆闸阀，锁定在常开的位置，并设置有明显的标记。

（4）对消防水泵的电源进行测试，在消防水泵房打开消防水泵出水管上试水阀，当采用主电源启动消防水泵时，消防水泵启动正常。关掉主电源，备用电源未能正常切换。

（5）对屋顶设置的高位消防水箱进行检查，发现消防水箱露天设置，人孔被锁具锁住，高位消防水箱有效容积为 30m³，进水管管径为 DN65，溢流管管径为 DN100，出水管管径为 DN120，出水管喇叭口位于高位消防水箱最低有效水位以下 60mm。对屋顶增（稳）压装置进行检测时发现，稳压泵平均启泵次数为 16 次/h。

（6）在屋顶打开试验消火栓，放水 3min 后测量栓口动压，测量值为 0.25MPa；消防水枪充实水柱测量值为 12m；询问消防控制室有关消防水泵和稳压泵的启动情况，控制室值班人员回答不清楚。

二、关键知识点及依据

（一）消防用水量

（1）消防给水：一起火灾灭火用水量应按需要同时作用的室内、外消防给水用水量之和计算，两座及以上建筑合用时，应取最大者。

（2）不同场所消火栓系统和固定冷却水系统的火灾延续时间不应少于表 4-15-1 的规定，除规范另有规定外，自动喷水灭火系统的持续喷水时间应按火灾延续时间不少于 1h 确定。

表 4-15-1　不同场所消火栓系统的火灾延续时间

建筑		场所与火灾危险性	火灾延续时间（h）
工业建筑		甲、乙、丙类厂（仓库）	3.0
		丁、戊类厂（仓库）	2.0
民用建筑	公共建筑	高层建筑中的商业楼、展览楼、综合楼，建筑高度大于 50m 的财贸金融楼、图书馆、书库、重要的档案楼、科研楼和高级宾馆等	3.0
		其他公共建筑	2.0
		住宅	
人防工程		建筑面积<3000m²	1.0
		建筑面积≥3000m²	2.0
地下建筑、地铁车站			

该建筑为办公楼，属于其他公共建筑，消火栓系统火灾延续时间不应少于 2.0h，自动喷水灭火系统火灾延续时间不应少于 1.0h。

（二）消防水池

（1）消防水池有效容积：当市政给水管网能保证室外消防给水设计流量时，消防水池的有效容积应满足在火灾延续时间内室内消防用水量的要求；当市政给水管网不能保证室外消防给水设计流量时，消防水池的有效容积应满足火灾延续时间内室内消防用水量和室外消防用水量不足部分之和的要求。该建筑室外消防用水量由市政管网提供，消防水池储存室内消防用水量。

（2）当消防水池采用两路消防供水且在火灾情况下连续补水能满足消防要求时，消防水池的有效容积应根据计算确定，但不应小于 100m³，当仅设有消火栓系统时不应小于 50m³。火灾时消防水池应采用两路消防给水,火灾延续时间内的连续补水流量应按消防水池最不利进水管供水量计算。

该建筑消防水池的有效容积=室内消火栓用水量+自动喷水用水量-补水量=40×3.6×2.0+40×3.6×1.0-144=288(m³)。

(3) 消防水池的总蓄水有效容积大于 500m³ 时,宜设两格能独立使用的消防水池;当大于 1000m³ 时,应设置能独立使用的两座消防水池。每格(或座)消防水池应设置独立的出水管,并应设置满足最低有效水位的连通管,且其管径应能满足消防给水设计流量的要求。

(4) 消防水池的出水管应保证消防水池的有效容积能被全部利用;消防水池应设置就地水位显示装置,并应在消防控制中心或值班室等地点设置显示消防水池水位的装置,同时应有最高和最低报警水位;消防水池应设置溢流水管和排水设施,并应采用间接排水。

(三) 消防水泵

(1) 消防水泵的性能应满足消防给水系统所需流量和压力的要求;当采用电动机驱动的消防水泵时,应选择电动机干式安装的消防水泵;流量扬程性能曲线应为无驼峰、无拐点的光滑曲线,零流量时的压力不应大于设计工作压力的 140%,且宜大于设计工作压力的 120%;当出流量为设计流量的 150% 时,其出口压力不应低于设计工作压力的 65%;泵轴的密封方式和材料应满足消防水泵在低流量时运转的要求;消防给水同一泵组的消防水泵型号宜一致,且工作泵不宜超过 3 台;多台消防水泵并联时,应校核流量叠加对消防水泵出口压力的影响。

(2) 消防水泵应采取自灌式吸水;消防水泵从市政管网直接抽水时,应在消防水泵出水管上设置有空气隔断的倒流防止器;当吸水口处无吸水井时,吸水口处应设置旋流防止器。

(3) 一组消防水泵,吸水管、出水管不应少于两条,当其中一条损坏或检修时,其余吸水管应仍能通过全部消防给水设计流量;消防水泵吸水管布置应避免形成气囊(偏心异径管管顶平接);消防水泵吸水口的淹没深度不应小于 600mm,当采用旋流防止器时,不应小于 200mm;消防水泵的吸水管上应设置明杆闸阀或带自锁装置的蝶阀,但当设置暗杆阀门时应设有开启刻度和标志;消防水泵的出水管上应设止回阀、明杆闸阀,当采用蝶阀时,应带有自锁装置;当吸水管、出水管管径大于 DN300 时,宜设置电动阀门。

(4) 消防水泵出水管压力表的最大量程不应低于其设计工作压力的 2 倍,且不应低于 1.60MPa;消防水泵吸水管宜设置真空表、压力表或真空压力表,压力表的最大量程不应低于 0.70MPa,真空表的最大量程宜为-0.10MPa;压力表的直径不应小于 100mm,应采用直径不小于 6mm 的管道与消防水泵进出口管相接,并应设置关断阀门。

(5) 消防水泵不应设置自动停泵的控制功能,停泵应由具有管理权限的工作人员根据火灾扑救情况确定。消防水泵应确保从接到启泵信号到水泵正常运转的自动启动时间不多于 2min。消防水泵应由消防水泵出水干管上设置的压力开关、高位消防水箱出水管上的流量开关或报警阀压力开关等开关信号直接自动启动消防水泵。消防水泵应能手动启停和自动启动。消防水泵、稳压泵应设置就地强制启停泵按钮,并应有保护装置。

消防水泵控制柜应设置机械应急启泵功能，并应保证在控制柜内的控制线路发生故障时由有管理权限的人员在紧急时启动消防水泵。机械应急启动时，应确保消防水泵在报警5.0min内正常工作。

（四）高位消防水箱

（1）临时高压消防给水系统的高位消防水箱的有效容积应满足初期火灾消防用水量的要求，并应符合：一类高层公共建筑，不应小于 36m³，但当建筑高度大于 100m 时，不应小于 50m³，当建筑高度大于 150m 时，不应小于 100m³；多层公共建筑、二类高层公共建筑和一类高层住宅，不应小于 18m³，当一类高层住宅建筑高度超过 100m 时，不应小于 36m³；二类高层住宅，不应小于 12m³；建筑高度大于 21m 的多层住宅，不应小于 6m³；工业建筑室内消防给水设计流量小于或等于 25L/s 时，不应小于 12m³，大于 25L/s 时不应小于 18m³；总建筑面积大于 10000m² 且小于 30000m² 的商店建筑，不应小于 36m³，总建筑面积大于 30000m² 的商店，不应小于 50m³，规定不一致时应取其较大值。

该建筑为商业综合楼，地上 18 层，地下 2 层，建筑高度为 80m，每层面积为 2000m²，总建筑面积大于 30000m²，故高位消防水箱有效容积不应小于 50m³。

（2）高位消防水箱的设置位置应高于其所服务的水灭火设施，且最低有效水位应满足水灭火设施最不利点处的静水压力，一类高层公共建筑，不应低于 0.10MPa，但当建筑高度超过 100m 时，不应低于 0.15MPa；高层住宅、二类高层公共建筑、多层公共建筑，不应低于 0.07MPa，多层住宅不宜低于 0.07MPa；工业建筑不应低于 0.10MPa，当建筑体积小于 20000m³ 时，不宜低于 0.07MPa；自动喷水灭火系统等自动水灭火系统应根据喷头灭火需求压力确定，但最小不应小于 0.10MPa；当高位消防水箱不能满足静压要求时，应设稳压泵。

（3）高位消防水箱可采用热浸锌镀锌钢板、钢筋混凝土、不锈钢板等建造。当高位消防水箱在屋顶露天设置时，水箱的人孔及进出水管的阀门等应采取锁具或阀门箱等保护措施；严寒、寒冷等冬季冰冻地区的消防水箱应设置在消防水箱间内，其他地区宜设置在室内，当必须在屋顶露天设置时，应采取防冻隔热等安全措施；高位消防水箱间应通风良好，不应结冰，当必须设置在严寒、寒冷等冬季结冰地区的非采暖房间时，应采取防冻措施，环境温度或水温不应低于 5℃。

（4）高位消防水箱的最低有效水位应根据出水管喇叭口和防止旋流器的淹没深度确定，当采用出水管喇叭口时，不应小于 600mm；当采用防止旋流器时应根据产品确定，且不应小于 150mm 的保护高度；进水管的管径应满足消防水箱 8h 充满水的要求，但公称管径不应小于 32mm，进水管宜设置液位阀或浮球阀；进水管应在溢流水位以上接入，进水管口的最低点高出溢流边缘的高度应等于进水管管径，但最小不应小于 100mm，最大不应大于 150mm；溢流管的直径不应小于进水管直径的 2 倍，且不应小于 DN100mm，溢流管的喇叭口直径不应小于溢流管直径的 1.5～2.5 倍；高位消防水箱出水管管径应满足消防给水设计流量的出水要求，且不应小于 DN100mm；高位消防水箱出水管应位于高位消防水箱最低水位以下，并应设置防止消防用水进入高位消防水箱的止回阀；高位消防水箱的进、出水管应设置带有指示启闭装置的阀门。

（五）稳压泵

（1）稳压泵的设计流量不应小于消防给水系统管网的正常泄漏量和系统自动启动流量；当没有管网泄漏量数据时，稳压泵的设计流量宜按消防给水设计流量的 1%～3% 计，且不宜小于 1L/s；消防给水系统所采用报警阀压力开关等自动启动流量应根据产品确定。

（2）稳压泵的设计压力应满足系统自动启动和管网充满水的要求；稳压泵的设计压力应保持系统自动启泵压力设置点处的压力在准工作状态时大于系统设置自动启泵压力值，且增加值宜为 0.07～0.10MPa；稳压泵的设计压力应保持系统最不利点处水灭火设施在准工作状态时的静水压力应大于 0.15MPa。

该建筑设置有稳压泵，最不利点水灭火设施的静水压力应大于 0.15MPa。

（3）设置稳压泵的临时高压消防给水系统应设置防止稳压泵频繁启停的技术措施，当采用气压水罐时，其调节容积应根据稳压泵启泵次数不大于 15 次/h 计算确定，但有效储水容积不宜小于 150L。稳压泵吸水管应设置明杆闸阀，稳压泵出水管应设置消声止回阀和明杆闸阀。稳压泵应设置备用泵。稳压泵应由消防给水管网或气压水罐上设置的稳压泵自动启停泵压力开关或压力变送器控制。

（六）室内消火栓

（1）室内消火栓应采用 DN65 室内消火栓，并可与消防软管卷盘或轻便水龙设置在同一箱体内；应配置公称直径为 65mm 的有内衬里的消防水带，长度不宜超过 25.0m；消防软管卷盘应配置内径不小于 φ19 的消防软管，长度宜为 30.0m；轻便水龙应配置公称直径为 25mm 的有内衬里的消防水带，长度宜为 30.0m；宜配置当量喷嘴直径为 16mm 或 19mm 的消防水枪，但当消火栓设计流量为 2.5L/s 时宜配置当量喷嘴直径为 11mm 或 13mm 的消防水枪；消防软管卷盘和轻便水龙应配置当量喷嘴直径为 6mm 的消防水枪。

（2）设置室内消火栓的建筑，包括设备层在内的各层均应设置消火栓。消防电梯前室应设置室内消火栓，并应计入消火栓使用数量。该建筑室内消火栓的布置应满足同一平面有 2 支消防水枪的 2 股充实水柱同时达到任何部位的要求，消火栓的布置间距不应大于 30.0m。

（3）室内消火栓应设置在楼梯间及其休息平台和前室、走道等明显易于取用以及便于火灾扑救的位置；同一楼梯间及其附近不同层设置的消火栓，其平面位置宜相同；冷库的室内消火栓应设置在常温穿堂或楼梯间内。

（4）建筑室内消火栓栓口的安装高度应便于消防水龙带的连接和使用，其距地面高度宜为 1.1m；其出水方向应便于消防水带的敷设，并宜与设置消火栓的墙面成 90°角或向下。

（5）设有室内消火栓的建筑应设置带有压力表的试验消火栓，多层和高层建筑应在其屋顶设置，严寒、寒冷等冬季结冰地区可设置在顶层出口处或水箱间内等便于操作和防冻的位置；单层建筑宜设置在水力最不利处，且应靠近出入口。

（6）消火栓栓口动压力不应大于 0.50MPa，当大于 0.70MPa 时必须设置减压装置；高层建筑、厂房、库房和室内净空高度超过 8m 的民用建筑等场所，消火栓栓口动压不应小于 0.35MPa，且消防水枪充实水柱应按 13m 计算；其他场所，消火栓栓口动压不应小于 0.25MPa，且消防水枪充实水柱应按 10m 计算。

该建筑属于高层建筑，栓口动压不应小于 0.35MPa，消防水枪充实水柱应按 13m 计算。

（七）消防水泵控制柜

（1）消防水泵控制柜应设置在消防水泵房或专用消防水泵控制室内，平时应使消防水泵处于自动启泵状态；当自动水灭火系统为开式系统且设置自动启动确有困难时，经论证后消防水泵可设置在手动启动状态，并应确保 24h 有人工值班。

（2）消防水泵控制柜设置在专用消防水泵控制室时，其防护等级不应低于 IP30；与消防水泵设置在同一空间时，其防护等级不应低于 IP55。消防水泵控制柜应采取防止被水淹没的措施。在高温潮湿环境下，消防水泵控制柜内应设置自动防潮除湿的装置。

（八）维护管理周期

（1）水源的维护管理应符合下列规定：

1）每季度应监测市政给水管网的压力和供水能力。

2）每年应对天然河湖等地表水消防水源的常水位、枯水位、洪水位，以及枯水位流量或蓄水量等进行一次检测。

3）每年应对水井等地下水消防水源的常水位、最低水位、最高水位和出水量等进行一次测定。

4）每月应对消防水池、高位消防水池、高位消防水箱等消防水源设施的水位等进行一次检测；消防水池（箱）玻璃水位计两端的角阀在不进行水位观察时应关闭。

5）在冬季每天应对消防储水设施进行室内温度和水温检测，当结冰或室内温度低于 5℃时，应采取确保不结冰和室温不低于 5℃的措施。

（2）消防水泵和稳压泵等供水设施的维护管理应符合下列规定：

1）每月应手动启动消防水泵运转一次，并应检查供电电源的情况；

2）每周应模拟消防水泵自动控制的条件自动启动消防水泵运转一次，且应自动记录自动巡检情况，每月应检测记录；

3）每日应对稳压泵的停泵启泵压力和启泵次数等进行检查和记录运行情况；

4）每日应对柴油机消防水泵的启动电池的电量进行检测，每周应检查储油箱的储油量，每月应手动启动柴油机消防水泵运行一次；

5）每季度应对消防水泵的出流量和压力进行一次试验；

6）每月应对气压水罐的压力和有效容积等进行一次检测。

（3）每季度应对消火栓进行一次外观和漏水检查，发现有不正常的消火栓应及时更换。

（4）每季度应对消防水泵接合器的接口及附件进行检查一次，并应保证接口完好、无渗漏、闷盖齐全。

（5）每年应对系统过滤器进行至少一次排渣，并应检查过滤器是否处于完好状态，当堵塞或损坏时应及时检修。

三、练习题

多项选择题（每题 2 分，每题的备选项中有 2 个或 2 个以上符合题意，至少有 1 个错项。错选，本题不得分；少选，所选的每个选项得 0.5 分）

1. 下列关于该建筑消防水池的检查结果，符合要求的有（　　）。

A. 该消防水池的有效容积为 350m³

B. 该消防水池未设置成独立使用的两格

C. 该消防水池设有就地水位显示装置，但消防控制室不能显示消防水池水位

D. 该消防水池的排水管采用间接排水的方式排入排水沟

E. 消防控制室能显示消防水池最高水位、最低水位报警信号

2. 下列关于该建筑室内消火栓配置的检查结果，说法正确的有（　　）。

A. 箱内配置的 DN65 消火栓符合规范要求

B. 配置的消防水带符合规范要求

C. 消防软管卷盘软管的长度不符合规范要求

D. 消防水枪的当量喷嘴直径符合规范要求

E. 栓口中心距地面的高度不符合规范要求

3. 下列关于该建筑中消火栓泵吸水管和出水管组件的检查结果，说法正确的有（　　）。

A. 水泵吸水管上的压力表量程满足规范要求

B. 水泵出水管上设置水锤消除器满足规范要求

C. 水泵出水管上的明杆闸阀锁定在常开位置满足规范要求

D. 水泵吸水管上采用明杆闸阀不符合规范要求

E. 水泵出水管上压力表量程满足规范要求

4. 关于消防水泵的启动和切换，下列说法正确的是（　　）。

A. 消防水泵应确保从接到启泵信号到水泵正常运转的时间不多于 60s

B. 消防水泵启动后，应有信号反馈到消防控制柜

C. 机械应急启动时，应确保消防水泵在报警后 5.0min 内正常工作

D. 关闭消防水泵主电源，应能自动切换到备用电源

E. 在消防控制室的消防控制柜上，应能手动启动消防水泵

5. 下列关于该建筑屋顶高位消防水箱设置的说法，正确的有（　　）。

A. 高位消防水箱人孔设置符合规范要求

B. 高位消防水箱的进水管管径符合规范要求

C. 高位消防水箱的溢流管管径符合规范要求

D. 高位消防水箱的吸水喇叭口设置位置符合规范要求

E. 高位消防水箱的有效容积不符合规范要求

6. 下列关于该建筑增（稳）压设施设置的说法，正确的是（　　）。

A. 该建筑稳压泵的启泵次数不符合规范要求

B. 稳压泵应设置手动停泵功能

C. 稳压泵的设计压力应满足系统自动启动和管网充满水的要求

D. 稳压泵吸水管应设置止回阀和明杆闸阀

E. 稳压泵应设置备用泵

7. 下列关于该建筑屋顶试验消火栓的检测，说法不正确的有（　　）。

A. 消火栓栓口动压符合规范要求

B. 消防控制室应能显示消火栓泵的运行状态

C. 消火栓栓口动压大于 0.7MPa 时，必须设置减压装置

D. 消防控制室应能显示屋顶消火栓稳压泵的运行状态

E. 消防水枪充实水柱符合规范要求

8. 以下关于该建筑消火栓系统消防水泵操作控制的说法中，不正确的是（　　）。

A. 消防水泵控制柜在平时应使消防水泵处于自动启泵状态，但设置自动启动确有困难时，经论证后消防水泵可设置在手动启动状态，并应确保 24h 有人工值班

B. 消防水泵应能手动启停和自动启动

C. 消防水泵应确保从接到启泵信号到水泵正常运转的自动启动时间不应多于 2min

D. 消防水泵控制柜机械应急启动时，应确保消防水泵在报警后 5min 内正常工作

E. 消防水泵出水干管上设置的压力开关、高位消防水箱出水管上的流量开关或消火栓按钮等应能直接自动启动消防水泵

9. 关于该建筑室内消火栓系统的维护管理，下列说法正确的是（　　）。

A. 每季度应对消防水池的水位进行一次检查

B. 每日应对稳压泵的启停次数进行检查

C. 每月应对减压阀的流量和压力进行检测

D. 每月模拟消防水泵自动控制的条件自动启动消防水泵运转一次

E. 每季对室外阀门井中的控制阀门开启状况进行检查

【参考答案】

1. ABDE　　　2. ADE　　　3. AC　　　4. BCDE　　　5. ABE

6. ABCE　　　7. AE　　　8. AE　　　9. BE

案例十六　高层综合楼消防给水及消火栓系统检查与维保案例分析

一、情景描述

华南某城市商业综合楼，地下 2 层，地上 7 层，层高均为 4.5m，总建筑面积为 26100m²，设有室内外消火栓系统、水泵接合器、湿式自动喷水灭火系统等消防设施，采用临时高压消防给水系统。

该建筑周围设有 DN200 的环状市政给水管网，室外消防用水量由市政管网提供。室内消防管网均采用钢管，室内消火栓系统和自动喷水灭火系统分别设置消防水泵，消防水池、消防水泵均设置在地下一层，消防水池设置有供消防车取水的取水口，消防水泵采用电动机驱动的离心泵（共两台，互为备用），吸水管喇叭口设置了旋流防止器。室内外消火栓系统的设计流量均为 40L/s，室内消火栓泵的设计扬程为 75m；自动喷水

灭火系统的设计流量为 30L/s，喷淋泵的设计扬程为 55m。消防水池储存室内消防用水量，消防水池设有两路补水，补水量分别为 $50m^3/h$ 和 $40m^3/h$。气压给水装置设于屋顶水箱间，屋顶高位消防水箱的有效容积为 $18m^3$，气压水罐的有效储水容积为 600L，工作压力参数：$P_1=0.10MPa$，$P_2=0.20MPa$，$P_3=0.33MPa$，$P_4=0.38MPa$。气压给水装置的出水口处设有电接点压力表控制稳压泵启停。

维保单位对屋顶水箱间进行检查，发现稳压泵处于手动启动状态，业主解释说，一打到自动状态，稳压泵就会频繁启动，经测量，高位消防水箱有管道的一侧外壁与建筑本体结构墙面之间的净距为 0.7m，人孔顶面与其上面的建筑物本体板底的净空为 1.0m；检测人员将稳压泵打到自动挡，使用秒表计时，经测试 1h 内稳压泵启动 15 次。

二、关键知识点及依据

（一）消防水池

（1）储存室外消防用水的消防水池或供消防车取水的消防水池，应设置取水口（井），且吸水高度不应大于 6.0m；取水口（井）与建筑物（水泵房除外）的距离不宜小于 15m。

（2）消防用水与其他用水共用的水池，应采取确保消防用水量不做他用的技术措施。

（3）消防水池的出水管应保证消防水池的有效容积能被全部利用；消防水池应设置就地水位显示装置，并应在消防控制中心或值班室等地点设置显示消防水池水位的装置，同时应有最高和最低报警水位；消防水池应设置溢流水管和排水设施，并应采用间接排水。

（二）消防水泵

（1）消防给水的设计压力应满足所服务的各种水灭火系统最不利点处水灭火设施的压力要求。消防水泵或消防给水所需要的设计扬程或设计压力，宜按下式计算：

$$P=k_2(\sum P_f+\sum P_p)+0.01H+P_0$$

式中　k_2——安全系数，可取 $1.20\sim1.40$；

　　　P_f——管道沿程水头损失（MPa）；

　　　P_p——管道和阀门等局部水头损失（MPa）；

　　　H——水池最低有效水位至最不利水灭火设施的几何高差；

　　　P_0——最不利点水灭火设施所需的设计压力。

可见，消防水泵扬程＝沿程损失＋局部损失＋高程差＋最不利点处水灭火设施所需压力。

该建筑地下 2 层，地上 7 层，层高均为 4.5m，消防水泵设置在地下一层，距离顶层最不利点消火栓的高差约为 32.6m，该建筑选择设计扬程为 75m 的消火栓泵，不考虑局部损失和沿程损失，最不利点消火栓动压为 42.4m，符合要求。

（2）消防水泵的主要材质应符合：水泵外壳宜为球墨铸铁；叶轮宜为青铜或不锈钢。

（3）除建筑高度小于 54m 的住宅和室外消防给水设计流量小于等于 25L/s 的建筑、

室内消防给水设计流量小于等于 10L/s 的建筑外，消防水泵均应设置备用泵，其性能应与工作泵性能一致。

故该建筑消防水泵应按要求设置备用泵。

（4）消防水泵吸水口的淹没深度应满足消防水泵在最低水位运行安全的要求，吸水管喇叭口在消防水池最低有效水位下的淹没深度应根据吸水管喇叭口的水流速度和水力条件确定，但不应小于 600mm，当采用旋流防止器时，淹没深度不应小于 200mm。

该建筑消防水泵吸水口设置旋流防止器，淹没深度不应小于 200mm。

（三）高位消防水箱

高位消防水箱外壁与建筑本体结构墙面或其他池壁之间的净距，应满足施工或装配的需要，无管道的侧面，净距不宜小于 0.7m；安装有管道的侧面，净距不宜小于 1.0m，且管道外壁与建筑本体墙面之间的通道宽度不宜小于 0.6m，设有人孔的水箱顶，其顶面与其上面的建筑物本体板底的净空不应小于 0.8m。

该建筑高位消防水箱有管道的一侧外壁与建筑本体结构墙面之间的净距为 0.7m，不符合要求，人孔顶面与其上面的建筑物本体板底的净空为 1.0m，符合要求。

（四）消防水泵接合器

（1）下列场所的室内消火栓给水系统应设置消防水泵接合器：高层民用建筑；设有消防给水的住宅、超过 5 层的其他多层民用建筑；超过 2 层或建筑面积大于 10000m² 的地下或半地下建筑（室）、室内消火栓设计流量大于 10L/s 平战结合的人防工程；高层工业建筑和超过四层的多层工业建筑；城市交通隧道。

（2）自动喷水灭火系统、水喷雾灭火系统、泡沫灭火系统和固定消防炮灭火系统等水灭火系统，均应设置消防水泵接合器。

（3）消防水泵接合器的给水流量宜按每个 10～15L/s 计算。每种水灭火系统的消防水泵接合器设置的数量应按系统设计流量经计算确定，但当计算数量超过 3 个时，可根据供水可靠性适当减少。

（4）水泵接合器应设在室外便于消防车使用的地点，且距室外消火栓或消防水池的距离不宜小于 15m，并不宜大于 40m。墙壁消防水泵接合器的安装高度距地面宜为 0.70m；与墙面上的门、窗、孔、洞的净距离不应小于 2.0m，且不应安装在玻璃幕墙下方；地下消防水泵接合器的安装，应使进水口与井盖底面的距离不大于 0.4m，且不应小于井盖的半径。水泵接合器处应设置永久性标志铭牌，并应标明供水系统、供水范围和额定压力。

该建筑属于高层民用建筑，室内消火栓系统和自动喷水灭火系统应分别设置水泵接合器，室内消火栓系统至少设置 40÷15＝3（个），自动喷水灭火系统至少设置 30÷15＝2（个）。

（五）消防水泵房

（1）消防水泵房在严寒、寒冷等冬季结冰地区采暖温度不应低于 10℃，但当无人值守时不应低于 5℃；通风宜按 6 次/h 设计；应设置排水设施。

（2）独立建造的消防水泵房耐火等级不应低于二级；附设在建筑物内的消防水泵房，不应设置在地下二层及以下，或室内地面与室外出入口地坪高差大于 10m 的地下楼层；附设在建筑物内的消防水泵房，应采用耐火极限不低于 2.0h 的隔墙和 1.50h 的楼板与其他部位隔开，其疏散门应直通安全出口，且开向疏散走道的门应采用甲级防火门。

该建筑消防水泵房设置在地下一层，位置符合要求。

（六）室外消火栓

建筑室外消火栓的数量应根据室外消火栓设计流量和保护半径经计算确定，保护半径不应大于 150.0m，每个室外消火栓的出流量宜按 10～15L/s 计算。室外消火栓宜沿建筑周围均匀布置，且不宜集中布置在建筑一侧；建筑消防扑救面一侧的室外消火栓数量不宜少于 2 个。

（七）试压和冲洗

（1）消防给水及消火栓系统试压和冲洗应符合下列要求：

1）管网安装完毕后，应对其进行强度试验、冲洗和严密性试验。

2）强度试验和严密性试验宜用水进行。干式消火栓系统应做水压试验和气压试验。

3）系统试压完成后，应及时拆除所有临时盲板及试验用的管道，应与记录核对无误，且应按规定填写记录。

4）管网冲洗应在试压合格后分段进行。冲洗顺序应先室外，后室内；先地下，后地上。室内部分的冲洗应按供水干管、水平管和立管的顺序进行。

5）水压试验和水冲洗宜采用生活用水进行，不应使用海水或含有腐蚀性化学物质的水。

（2）压力管道水压强度试验的试验压力应符合表 4-16-1 的规定。

表 4-16-1　压力管道水压强度试验的试验压力

管道类型	系统工作压力 P（MPa）	试验压力（MPa）
钢管	≤1.0	1.5P，且不应小于 1.4
	>1.0	P+0.4
球墨铸铁管	≤0.5	2P
	>0.5	P+0.5
钢丝网骨架塑料管	P	1.5P，且不应小于 0.8

（3）水压强度试验的测试点应设在系统管网的最低点。对管网注水时，应将管网内的空气排净，并应缓慢升压，达到试验压力并稳压 30min 后，管网应无泄漏、无变形，且压力降不应大于 0.05MPa。

（4）水压严密性试验应在水压强度试验和管网冲洗合格后进行。试验压力应为系统工作压力，稳压 24h，应无泄漏。

（5）水压试验时环境温度不宜低于 5℃，当低于 5℃时，水压试验应采取防冻措施。

（6）气压严密性试验的介质宜采用空气或氮气，试验压力应为 0.28MPa，且稳压 24h，压力降不应大于 0.01MPa。

（7）管网冲洗的水流方向应与灭火时管网的水流方向一致。管网冲洗应连续进行。当出口处水的颜色、透明度与入口处水的颜色、透明度基本一致时，冲洗可结束。管网冲洗宜设临时专用排水管道，其排放应畅通和安全。排水管道的截面面积不应小于被冲洗管道截面面积的 60%。

（八）系统调试

（1）消火栓的调试和测试应符合下列规定：

1）试验消火栓动作时，应检测消防水泵是否在规范规定的时间内自动启动；

2）试验消火栓动作时，应测试其出流量、压力和充实水柱的长度，并应根据消防水泵的性能曲线核实消防水泵供水能力；

3）应检查旋转型消火栓的性能能否满足其性能要求；

4）应采用专用检测工具，测试减压稳压型消火栓的阀后动静压是否满足设计要求。

（2）消防水泵调试应符合下列要求：

1）以自动直接启动或手动直接启动消防水泵时，消防水泵应在 55s 内投入正常运行，且应无不良噪声和振动；

2）以备用电源切换方式或备用泵切换启动消防水泵时，消防水泵应分别在 1min 或 2min 内投入正常运行；

3）消防水泵安装后应进行现场性能测试，其性能应与生产厂商提供的数据相符，并应满足消防给水设计流量和压力的要求；

4）消防水泵零流量时的压力不应超过设计工作压力的 140%；当出流量为设计工作流量的 150% 时，其出口压力不应低于设计工作压力的 65%。

三、练习题

多项选择题（每题 2 分，每题的备选项中有 2 个或 2 个以上符合题意，至少有 1 个错项。错选，本题不得分；少选，所选的每个选项得 0.5 分）

1. 关于该建筑消防水池的设置方案中，不正确的有（   ）。

A. 该建筑消防水池的补水时间为 72h，且进水管管径为 DN80

B. 该建筑消防水池设置的室外取水口，吸水高度为 7m

C. 消防水池的取水口与建筑物的距离为 30m

D. 消防水池进水管管径按平均流速 5.0m/s 计算

E. 消防水池设置就地水位显示装置，同时设有最高和最低报警水位

2. 关于该建筑消火栓系统管网的试压和冲洗过程的记录中，正确的有（   ）。

A. 强度试验用水进行，严密性试验用空气进行

B. 冲洗顺序应先室外，后室内；先地上，后地下

C. 严密性试验的试验压力为 0.28MPa

D. 试压用的压力表精度不应低于 1.5 级，量程应为试验压力值的 1.5～2 倍

E. 强度试验的试验压力为 1.53MPa

3. 关于该建筑消火栓的调试和测试的主要内容包括（   ）。

A. 消火栓的安装高度和位置

B. 试验消火栓的出流量、压力和充实水柱的长度

C. 消防水泵自动启动的时间

D. 消火栓的栓口规格和消防水带的长度

E. 减压稳压型消火栓的阀后动静压

4. 确定该建筑消火栓泵所需的设计扬程时，应考虑的因素有（　　）。

A. 消防水池最低有效水位至最不利消火栓的高差

B. 最不利消火栓所需的设计压力

C. 最不利点消火栓所需静水压力

D. 管道局部水头损失

E. 管道沿程水头损失

5. 关于该建筑消防水泵吸水管和出水管上的组件，说法不正确的有（　　）。

A. 消火栓泵和喷淋泵的出水管上均应预留测量用流量计和压力计接口

B. 消火栓泵和喷淋泵的出水管上均应设置流量和压力测试装置

C. 吸水管水平管段上变径连接时，应采用偏心异径管件并应采用管顶平接

D. 消防水泵出水管上应设置 DN65 的试水管

E. 应在消防水泵吸水管上设水锤消除器

6. 对该建筑屋顶消防稳压设备进行检查，错误的说法是（　　）。

A. 消防稳压泵经测试 1h 内稳压泵启动 15 次，符合要求

B. 屋顶稳压泵可以不设备用泵

C. 气压给水装置的出水口处设有电接点压力表控制稳压泵启停存在问题

D. 气压水罐有效储水容积不符合要求

E. 稳压泵的设计压力应满足系统自动启动和管网充满水的要求

【参考答案】

1. ABD　　　2. DE　　　3. BCE　　　4. ABDE　　　5. AE　　　6. BCD

案例十七　高层公共建筑消防给水及消火栓系统案例分析

一、情景描述

某高层公共建筑，地下 1 层，地上 17 层，建筑高度为 55m。室外采用生活用水与消防用水合用管道系统，水源为城市自来水，供水压力约 0.35MPa，从西侧道路的城市给水管道分段阀门两端分别接一根 DN200 的引入管。建筑红线内经水表井（总水表后加装倒流防止器）后，与建筑室外给水管相连接，室外给水管与市政给水管均为环状管网。

消防用水量详见表 4-17-1。

表 4-17-1　消防用水量

序号	消防系统名称	设计流量（L/s）	火灾延续时间（h）	一起火灾灭火用水量（m³）
1	室外消火栓系统	30	3	324
2	湿式自动喷水灭火系统	34	1	122.4
3	室内消火栓系统	40	3	432

室内采用临时高压消防给水系统，消防水池与水泵房均设于地下室，消防水箱与稳压系统设置在屋面水箱房内。泵房内设置两台喷淋泵（一用一备）、两台消火栓泵（一用一备）；室内消火栓系统竖向采用一个区供水。

二、关键知识点及依据

（一）消防水池

消防水池有效容积的计算应符合下列规定：当市政给水管网能保证室外消防给水设计流量时，消防水池的有效容积应满足在火灾延续时间内室内消防用水量的要求；当市政给水管网不能保证室外消防给水设计流量时，消防水池的有效容积应满足火灾延续时间内室内消防用水量和室外消防用水量不足部分之和的要求。

该建筑室外消防给水水源为城市自来水，故消防水池最小有效容积只考虑室内用水量，应为自动喷水灭火系统与室内消火栓系统用水量之和，即 $122.4+432=554.4$（m^3），故不能小于 $554.4m^3$，但同时要考虑经济适用，不能太大。

（二）消防水泵

（1）消防水泵宜根据可靠性、安装场所、消防水源、消防给水设计流量和扬程等综合因素确定水泵的型式，水泵驱动器宜采用电动机或柴油机直接传动，消防水泵不应采用双电动机或基于柴油机等组成的双动力驱动水泵。

（2）消防水泵的选择和应用应符合下列规定：

1）消防水泵的性能应满足消防给水系统所需流量和压力的要求；

2）消防水泵所配驱动器的功率应满足所选水泵流量-扬程性能曲线上任何一点运行所需功率的要求；

3）当采用电动机驱动的消防水泵时，应选择电动机干式安装的消防水泵；

4）流量扬程性能曲线应为无驼峰、无拐点的光滑曲线，零流量时的压力不应大于设计工作压力的140%，且宜大于设计工作压力的120%；

5）当出流量为设计流量的150%时，其出口压力不应低于设计工作压力的65%；

6）泵轴的密封方式和材料应满足消防水泵在低流量时运转的要求；

7）消防给水同一泵组的消防水泵型号宜一致，且工作泵不宜超过3台；

8）多台消防水泵并联时，应校核流量叠加对消防水泵出口压力的影响。

（3）柴油机消防水泵应具备连续工作的性能，试验运行时间不应少于24h；柴油机消防水泵的蓄电池应保证消防水泵随时自动启泵的要求。

（4）一组消防水泵应在消防水泵房内设置流量和压力测试装置，且每台消防水泵出水管上应设置DN65的试水管，并应采取排水措施。

（5）离心式消防水泵吸水管、出水管和阀门等，应符合下列规定：

1）一组消防水泵，吸水管不应少于两条，当其中一条损坏或检修时，其余吸水管应仍能通过全部消防给水设计流量。

2）消防水泵吸水管布置应避免形成气囊。

3）一组消防水泵应设不少于两条的输水干管与消防给水环状管网连接，当其中一条输水管检修时，其余输水管应仍能供应全部消防给水设计流量。

4) 消防水泵吸水口的淹没深度应满足消防水泵在最低水位运行安全的要求，吸水管喇叭口在消防水池最低有效水位下的淹没深度应根据吸水管喇叭口的水流速度和水力条件确定，但不应小于600mm，当采用旋流防止器时，淹没深度不应小于200mm。

5) 消防水泵的吸水管上应设置明杆闸阀或带自锁装置的蝶阀，但当设置暗杆阀门时应设有开启刻度和标志；当管径超过DN300时，宜设置电动阀门。

6) 消防水泵的出水管上应设止回阀、明杆闸阀；当采用蝶阀时，应带有自锁装置；当管径大于DN300时，宜设置电动阀门。

7) 消防水泵的吸水管穿越消防水池时，应采用柔性套管；采用刚性防水套管时应在水泵吸水管上设置柔性接头，且管径不应大于DN150。

(6) 消防水泵吸水管和出水管上应设置压力表，并应符合下列规定：

1) 消防水泵出水管压力表的最大量程不应低于其设计工作压力的2倍，且不应低于1.60MPa；

2) 消防水泵吸水管宜设置真空表、压力表或真空压力表，压力表的最大量程应根据工程具体情况确定，但不应低于0.70MPa，真空表的最大量程宜为-0.10MPa；

3) 压力表的直径不应小于100mm，应采用直径不小于6mm的管道与消防水泵进出口管相接，并应设置关断阀门。

(三) 室内消火栓

(1) 室内消火栓应配置公称直径为65mm的有内衬里的消防水带，长度不宜超过25.0m；消防软管卷盘应配置内径不小于19mm的消防软管，其长度宜为30.0m；轻便水龙应配置公称直径为25mm的有内衬里的消防水带，长度宜为30.0m。

(2) 设置室内消火栓的建筑，包括设备层在内的各层均应设置消火栓。

(3) 消防电梯前室应设置室内消火栓，并应计入消火栓使用数量。

(4) 消防软管卷盘和轻便水龙的用水量可不计入消防用水总量。

(四) 高位消防水箱

(1) 高位消防水箱可采用热浸锌镀锌钢板、钢筋混凝土、不锈钢板等建造。

(2) 高位消防水箱应符合下列规定：

1) 进水管的管径应满足消防水箱8h充满水的要求，但公称管径不应小于32mm，进水管宜设置液位阀或浮球阀；

2) 高位消防水箱出水管管径应满足消防给水设计流量的出水要求，且不应小于DN100mm；高位消防水箱出水管应位于高位消防水箱最低水位以下，并应设置防止消防用水进入高位消防水箱的止回阀。

(五) 稳压泵

(1) 稳压泵宜采用离心泵，宜采用单吸单级或单吸多级离心泵；泵外壳和叶轮等主要部件的材质宜采用不锈钢。

(2) 稳压泵的设计流量应符合下列规定：

1) 稳压泵的设计流量不应小于消防给水系统管网的正常泄漏量和系统自动启动流量；

2) 消防给水系统管网的正常泄漏量应根据管道材质、接口形式等确定，当没有管网泄漏量数据时，稳压泵的设计流量宜按消防给水设计流量的 1‰～3‰ 计，且不宜小于 1L/s；

3）消防给水系统所采用报警阀压力开关等自动启动流量应根据产品确定。

（3）稳压泵的设计压力应保持系统最不利点处水灭火设施在准工作状态时的静水压力应大于 0.15MPa。

（4）设置稳压泵的临时高压消防给水系统应设置防止稳压泵频繁启停的技术措施，当采用气压水罐时，其调节容积应根据稳压泵启泵次数不大于 15 次/h 计算确定，但有效储水容积不宜小于 150L。

（六）水泵接合器

（1）消防水泵接合器的给水流量宜按每个 10～15L/s 计算。每种水灭火系统的消防水泵接合器设置的数量应按系统设计流量经计算确定，但当计算数量超过 3 个时，可根据供水可靠性适当减少。

（2）水泵接合器应设在室外便于消防车使用的地点，且距室外消火栓或消防水池的距离不宜小于 15m，并不宜大于 40m。

（3）墙壁消防水泵接合器的安装高度距地面宜为 0.70m；与墙面上的门、窗、孔、洞的净距离不应小于 2.0m，且不应安装在玻璃幕墙下方；地下消防水泵接合器的安装，应使进水口与井盖底面的距离不大于 0.4m，且不应小于井盖的半径。

（4）水泵接合器处应设置永久性标志铭牌，并应标明供水系统、供水范围和额定压力。

$34÷15=2.27$，该建筑自喷系统至少需要 3 个水泵接合器；$40÷15=2.67$，消火栓系统至少需要 3 个水泵接合器。故整个建筑至少需要 6 个水泵接合器。

（七）消防水泵房

（1）消防水泵房的主要通道宽度不应小于 1.2m。

（2）消防水泵房应根据具体情况设计相应的采暖、通风和排水设施，并应符合下列规定：严寒、寒冷等冬季结冰地区采暖温度不应低于 10℃，但当无人值守时不应低于 5℃；消防水泵房的通风宜按 6 次/h 设计；消防水泵房应设置排水设施。

（3）消防水泵不宜设在有防振或有安静要求房间的上一层、下一层和毗邻位置，当必须时，应采取降噪减振措施。

（4）消防水泵房应采取防水淹没的技术措施。

（八）控制与操作

消防水泵应由消防水泵出水干管上设置的压力开关、高位消防水箱出水管上的流量开关，或报警阀压力开关等直接自动启动。消防水泵房内的压力开关宜引入消防水泵控制柜内。

（九）维护管理

（1）每月应对消防水池、高位消防水池、高位消防水箱等消防水源设施的水位等进行一次检测；消防水池（箱）玻璃水位计两端的角阀在不进行水位观察时应关闭。

（2）每月应对气压水罐的压力和有效容积等进行一次检测。

（3）系统上所有的控制阀门均应采用铅封或锁链固定在开启或规定的状态，每月应对铅封、锁链进行一次检查，当有破坏或损坏时应及时修理更换。

（4）每季度应对室外阀门井中，进水管上的控制阀门进行一次检查，并应核实其处于全开启状态。

（5）每年应检查消防水池、消防水箱等蓄水设施的结构材料是否完好，发现问题时应及时处理。

三、练习题

多项选择题（每题 2 分，每题的备选项中，有 2 个或 2 个以上符合题意，至少有 1 个错项。错选，本题不得分；少选，所选的每个选项得 0.5 分）

1. 下列关于消防水泵选用的说法中，正确的有（　　）。

A. 消防水泵采用双电动机组成的双动力驱动水泵

B. 柴油机消防水泵应具备连续工作的性能，试验运行时间不应少于 8h

C. 零流量时的压力不应大于设计工作压力的 120%

D. 消防给水同一泵组的消防水泵型号宜一致，且工作泵不宜超过 3 台

E. 当出流量为设计流量的 150% 时，其出口压力不应低于设计工作压力的 65%

2. 该建筑消防水泵管路的布置中，正确的有（　　）。

A. 吸水管喇叭口在消防水池最低有效水位下的淹没深度为 500mm

B. 消防水泵总出水管上的压力开关引入水泵控制柜内

C. 消防水泵出水管上采用带有启闭刻度的暗杆闸阀

D. 出水管设置 DN65 的试水管

E. 出水管压力表直径为 100mm，最大量程为 1.5MPa

3. 不考虑补水时，该建筑消防水池有效容积的选取中，满足安全可靠、经济适用要求的有（　　）。

A. 500m³　　　　　　B. 550m³　　　　　　C. 800m³　　　　　　D. 650m³

E. 600m³

4. 下列室内消火栓的设置中，符合现行国家标准的有（　　）。

A. 配置 DN65 无内衬里的消防水带，长度为 25.0m

B. 消防电梯前室的室内消火栓直接计入消火栓使用数量

C. 消防软管卷盘应配置公称直径为 25mm 的有内衬里的消防水带，长度宜为 30.0m

D. 设备层可燃物少，故可以不设室内消火栓

E. 消防软管卷盘和轻便水龙的用水量可不计入消防用水总量

5. 关于该建筑屋顶消防水箱的设置，下列说法正确的有（　　）。

A. 高位消防水箱可采用热浸锌镀锌钢板、钢筋混凝土、不锈钢板等建造

B. 水灭火设施最不利点处的静水压力不应低于 0.10MPa

C. 高位水箱出水管应设置止回阀

D. 进水管的管径不应小于 DN100

E. 出水管管径不应小于 DN100

6. 下列关于稳压泵的说法，正确的是（　　）。

A. 稳压泵的设计流量不应小于消防给水系统管网的正常泄漏量和系统自动启动

流量

B. 稳压泵外壳宜为球墨铸铁

C. 当没有管网泄漏量数据时，稳压泵的设计流量宜按消防给水设计流量的 1%～3%计，且不宜小于 1L/s

D. 采用气压水罐调节稳压泵启泵次数不应大于 15 次/h

E. 气压水罐有效储水容积不宜小于 100L

7. 关于该建筑消防水泵接合器的说法，正确的有（   ）。

A. 消防水泵接合器的给水流量宜按每个 10～15L/s 计算

B. 水泵接合器距室外消火栓或消防水池的距离不宜小于 5m，并不宜大于 40m

C. 墙壁式水泵接合器与墙面上的门、窗、孔、洞的净距离不应小于 2.0m

D. 水泵接合器就近安装在玻璃幕墙下方

E. 该建筑最少应设 5 个水泵接合器

8. 下列关于消防水泵房的说法，错误的是（   ）。

A. 严寒、寒冷等冬季结冰地区采暖温度不应低于 10℃，但当无人值守时不应低于 5℃

B. 消防水泵房的通风宜按 12 次/h 设计

C. 消防水泵房应采取防水淹没的技术措施

D. 消防水泵房机组的主要通道宽度不应小于 1.2m

E. 消防水泵房设置在卧室的下层

9. 下列关于消防给水系统的维护管理中，正确的是（   ）。

A. 每月气压水罐的压力和有效容积等进行一次检测

B. 每季对铅封、锁链进行一次检查，当有破坏或损坏时应及时修理更换

C. 消防水池（箱）玻璃水位计两端的角阀应常开

D. 每半年应检查消防水池、消防水箱等蓄水设施的结构材料是否完好，发现问题时应及时处理

E. 每季度对室外阀门井中进水管上的控制阀门进行一次检查

【参考答案】

1. DE	2. BD	3. DE	4. BE	5. ACE
6. ACD	7. AC	8. BE	9. AE	

案例十八　一类高层综合楼消防给水及消火栓系统案例分析

一、情景描述

某高层综合楼地上 20 层、地下 2 层，建筑高度为 80m，每层建筑面积均为 3000m²。建筑地上一到三层为中庭接待大厅，中庭周围采用火灾时自动封闭的防火卷帘分隔，并设置防护冷却水幕进行保护。

该建筑按国家工程建设技术标准配置了消防设施，消防控制室设在地下一层，消防

水泵房和消防水池设置于地下二层。建筑的室内外消火栓系统的设计流量均为 40L/s，湿式自动喷水灭火系统的设计流量为 30L/s，防护冷却水幕系统的设计流量为 35L/s。采用临时高压消防给水系统供水，由屋顶的高位消防水箱和增（稳）压设施维持系统管网压力，隔膜式气压罐有效水容积为 120L。室内消火栓系统、自动喷水灭火系统、防护冷却水幕系统的消防用水由室内消防水池保证，室外消防用水量由市政给水管网保证，且火灾延续时间内室外消防管网连续可靠补水水量为 $50m^3/h$。

某消防检测单位受托对该建筑消防设施进行年度维保检测，检查情况如下：

（1）检测人员使用测压接头测试该综合楼最不利点室内消火栓处静压读数为 0.11MPa，动压读数为 0.40MPa，试射试验消火栓后测算充实水柱长度为 14.8m。查看设置在地下二层的室内消火栓泵铭牌，消火栓泵设计流量为 50L/s，设计扬程为 120m，并在消防水泵组出水管上预留了测量水泵性能的流量计和压力计接口。消防水泵吸水管、出水管上的控制阀采用明杆闸阀，锁定在常开位置。水泵出水管止回阀后设有水锤消除器，经现场测试，消防水泵停泵时，水锤消除器处压力表实时读数为 1.82MPa。

（2）对屋顶设置的高位消防水箱进行实地检查，发现消防水箱露天设置，人孔被锁具锁住，高位消防水箱有效容积测算为 $28m^2$，进水管管径为 DN65，在溢流水位以上接入，出水管、溢流管管径均为 DN100，出水管喇叭口位于高位消防水箱最低有效水位以下 200mm。

（3）查阅屋顶增（稳）压设施日常巡查记录表，发现记录稳压泵平均启泵次数为 20 次/h。

（4）在对设在消防水泵房内的消防水泵控制柜进行检查时，发现消防水泵控制柜处于手动启泵状态。维保单位工作人员现场手动启动了消防水泵，并打开消防水泵出水管上 DN100 的试水管阀门，测试消防水泵的工作能力。当采用主电源启动消防水泵时，消防水泵启动正常；关掉主电源，备用电源未能正常切换，工作人员现场排除了故障。

二、关键知识点及依据

（一）消防水泵

（1）一组消防水泵应在消防水泵房内设置流量和压力测试装置，并应符合下列规定：

单台消防给水泵的流量不大于 20L/s、设计工作压力不大于 0.50MPa 时，泵组应预留测量用流量计和压力计接口，其他泵组宜设置泵组流量和压力测试装置；该建筑消火栓泵设计流量为 50L/s，设计扬程为 120m，宜设置泵组流量和压力测试装置。

（2）消防水泵验收应符合下列要求：

1）消防水泵运转应平稳，应无不良噪声的振动。

2）吸水管、出水管上的控制阀应锁定在常开位置，并应有明显标记。

3）消防水泵应采用自灌式引水方式，并应保证全部有效储水被有效利用。

4）打开消防水泵出水管上试水阀，当采用主电源启动消防水泵时，消防水泵应启动正常；关掉主电源，主电源、备用电源应能正常切换；备用泵启动和相互切换正常；消防水泵就地和远程启停功能应正常。

5）消防水泵停泵时，水锤消除设施后的压力不应超过水泵出口设计工作压力的1.4倍，该建筑消火栓泵设计扬程为120m，因此水锤消除设施后的压力不应大于1.2×1.4＝1.68（MPa）。

6）消防水泵启动控制应置于自动启动挡。

（二）消防水池容积

（1）不同场所消火栓系统和固定冷却水系统的火灾延续时间不应少于表4-18-1规定。

表 4-18-1　不同场所消火栓系统和固定冷却水系统的火灾延续时间

建筑			场所与火灾危害性	火灾延续时间（h）
建筑物	工业建筑	仓库	甲、乙、丙类仓库	3.0
			丁、戊类仓库	2.0
		厂房	甲、乙、丙类厂房	3.0
			丁、戊类厂房	2.0
	民用建筑	公共建筑	高层建筑中的商业楼、展览楼、综合楼，建筑高度大于50m的财贸金融楼、图书馆、书库、重要的档案楼、科研楼和高级宾馆等	3.0
			其他公共建筑	2.0
			住宅	
	人防工程		建筑面积小于3000m²	1.0
			建筑面积大于或等于3000m²	2.0
			地下建筑、地铁车站	

（2）当消防水池采用两路消防供水且在火灾情况下连续补水能满足消防要求时，消防水池的有效容积应根据计算确定，但不应小于100m³，当仅设有消火栓系统时不应小于50m³。

（3）火灾时消防水池连续补水应符合下列规定：

1）消防水池应采用两路消防给水。

2）火灾延续时间内的连续补水流量应按消防水池最不利进水管供水量计算，并可按下式计算：

$$q_f = 3600Av$$

式中　q_f——火灾时消防水池的补水量（m³/h）；

A——消防水池给水管断面面积（m²/h）；

v——管道内水的平均流速（m/s）。

3）消防水池进水管管径和流量应根据市政给水管网或其他给水管网的压力、入户引入管管径、消防水池进水管管径，以及火灾时其他用水量等经水力计算确定，当计算条件不具备时，给水管的平均流速不宜大于1.5m/s。

该高层综合楼消火栓系统的火灾延续时间不应少于3.0h；自动喷水灭火系统的火灾延续时间为1.0h，防护冷却水幕系统根据保护对象的火灾延续时间为3.0h，由于室外消火栓系统用水量由市政管网保证，所以该建筑消防水池最小有效容积只算室内。室内消火栓系统用水量为 $40×3×3.6＝432$（m^3），自动喷水灭火系统的用水量为 $30×3.6×1＝108$（m^3），保护防火卷帘的防护冷却水幕用水量为 $35×3.6×3＝378$（m^3）；消防水池在火灾延续时间内的连续补水为 $50×3＝150$（m^3）。所以，消防水池最小有效容积为 $432＋108＋378－150＝768$（m^3）。

（4）消防水池的总蓄水有效容积大于 $500m^3$ 时，宜设两格能独立使用的消防水池；当大于 $1000m^3$ 时，应设置能独立使用的两座消防水池。每格（或座）消防水池应设置独立的出水管，并应设置满足最低有效水位的连通管，且其管径应能满足消防给水设计流量的要求。

（三）室内消火栓

（1）室内消火栓栓口动压力不应大于 0.50MPa，当大于 0.70MPa 时必须设置减压装置；高层建筑、厂房、库房和室内净空高度超过 8m 的民用建筑等场所，消火栓栓口动压不应小于 0.35MPa，且消防水枪充实水柱应按 13m 计算；其他场所，消火栓栓口动压不应小于 0.25MPa，且消防水枪充实水柱应按 10m 计算。该建筑为高层公共建筑，所以消火栓动压应不小于 0.35MPa 且不大于 0.5MPa，充实水柱不小于 13m。

（2）室内消火栓应采用 DN65 室内消火栓，并可与消防软管卷盘或轻便水龙设置在同一箱体内；宜配置当量喷嘴直径为 16mm 或 19mm 的消防水枪，但当消火栓设计流量为 2.5L/s 时宜配置当量喷嘴直径为 11mm 或 13mm 的消防水枪；消防软管卷盘和轻便水龙应配置当量喷嘴直径为 6mm 的消防水枪。

（3）宜按直线距离计算室内消火栓布置间距，并应符合下列规定：消火栓按 2 支消防水枪的 2 股充实水柱布置的建筑物，消火栓的布置间距不应大于 30.0m；消火栓按 1 支消防水枪的 1 股充实水柱布置的建筑物，消火栓的布置间距不应大于 50.0m。

（4）建筑室内消火栓栓口的安装高度应便于消防水龙带的连接和使用，其距地面高度宜为 1.1m；其出水方向应便于消防水带的敷设，并宜与设置消火栓的墙面成 90°角或向下。

（四）高位消防水箱

（1）临时高压消防给水系统的高位消防水箱的有效容积应满足初期火灾消防用水量的要求，并应符合下列规定：

1）一类高层公共建筑，不应小于 $36m^3$，但当建筑高度大于 100m 时，不应小于 $50m^3$，当建筑高度大于 150m 时，不应小于 $100m^3$；该综合楼为一类高层综合楼，应不小于 $36m^3$。

2）多层公共建筑、二类高层公共建筑和一类高层住宅，不应小于 $18m^3$，当一类高层住宅建筑高度超过 100m 时，不应小于 $36m^3$。

3）二类高层住宅，不应小于 $12m^3$。

4）建筑高度大于 21m 的多层住宅，不应小于 $6m^3$。

5）工业建筑室内消防给水设计流量当小于或等于 25L/s 时，不应小于 $12m^3$，大于 25L/s 时，不应小于 $18m^3$。

6）总建筑面积大于 $10000m^2$ 且小于 $30000m^2$ 的商店建筑，不应小于 $36m^3$，总建面积大于 30000m² 的商店，不应小于 50m³，当 1）规定不一致时应取其较大值。

（2）高位消防水箱的设置应符合下列规定：当高位消防水箱在屋顶露天设置时，水箱的人及进出水管的阀门等应采取锁具或阀门箱等保护措施；严寒、寒冷等冬季冰冻地区的消防水箱应设置在消防水箱间内，其他地区宜设置在室内，当必须在屋顶露天设置时，应采取防冻隔热等安全措施；高位消防水箱与基础应牢固连接。

（3）高位消防水箱应符合下列规定：

1）高位消防水箱的最低有效水位应根据出水管喇叭口和防止旋流器的淹没深度确定，当采用出水管喇叭口时，在消防水池最低有效水位下的淹没深度应根据吸水管喇叭口的水流速度和水力条件确定，但不应小于 600mm 的保护高度；当采用防止旋流器时应根据产品确定，且不应小于 150mm 的保护高度。

2）进水管的管径应满足消防水箱 8h 充满水的要求，但管径不应小于 DN32mm，进水管宜设置液位阀或浮球阀。

3）进水管应在溢流水位以上接入，进水管口的最低点高出溢流边缘的高度应等于进水管管径，但最小不应小于 100mm，最大不应大于 150mm。

4）溢流管的直径不应小于进水管直径的 2 倍，且不应小于 DN100mm，溢流管的喇叭口直径应为溢流管直径的 1.5～2.5 倍。

（五）稳压泵

（1）稳压泵的设计压力应符合下列要求：

1）稳压泵的设计压力应满足系统自动启动和管网充满水的要求；

2）稳压泵的设计压力应保持系统自动启泵压力设置点处的压力在准工作状态时大于系统设置自动启泵压力值，且增加值宜为 0.07～0.10MPa；

3）稳压泵的设计压力应保持系统最不利点处水灭火设施在准工作状态时的静水压力大于 0.15MPa。该建筑消火栓系统设有增（稳）压设施，所以最不利消火栓处静压力应大于 0.15MPa。

（2）设置稳压泵的临时高压消防给水系统应设置防止稳压泵频繁启停的技术措施，当采用气压水罐时，其调节容积应根据稳压泵启泵次数不大于 15 次/h 计算确定，但有效储水容积不宜小于 150L。

（3）稳压泵吸水管应设置明杆闸阀，稳压泵出水管应设置消声止回阀和明杆闸阀。

（4）稳压泵应设置备用泵。

（六）控制与操作

（1）消防水泵控制柜应设置在消防水泵房或专用消防水泵控制室内，在平时应使消防水泵处于自动启泵状态；当自动水灭火系统为开式系统且设置自动启动确有困难时，经论证后消防水泵可设置在手动启动状态，并应确保 24h 有人工值班。

（2）消防水泵不应设置自动停泵的控制功能，停泵应由具有管理权限的工作人员根据火灾扑救情况确定。

（3）消防水泵应确保从接到启泵信号到水泵正常运转的自动启动时间不多于 2min。

（4）消防水泵应由消防水泵出水干管上设置的压力开关、高位消防水箱出水管上的流量开关或报警阀压力开关等开关信号直接自动启动。消防水泵房内的压力开关宜引入消防水泵控制柜内。

（5）消防水泵应能手动启停和自动启动。

（6）消防水泵控制柜设置在专用消防水泵控制室时，其防护等级不应低于 IP30；与消防水泵设置在同一空间时，其防护等级不应低于 IP55。

（7）消防水泵控制柜应设置机械应急启泵功能，并应保证在控制柜内的控制线路发生故障时由有管理权限的人员在紧急时启动消防水泵。机械应急启动时，应确保消防水泵在报警 5.0min 内正常工作。

（8）消火栓按钮不宜作为直接启动消防水泵的开关，但可作为发出报警信号的开关或启动干式消火栓系统的快速启闭装置等。

（七）维护管理

（1）消防水泵和稳压泵等供水设施的维护管理应符合下列规定：

每月应手动启动消防水泵运转一次，并应检查供电电源的情况；每周应模拟消防水泵自动控制的条件自动启动消防水泵运转一次，且应自动记录自动巡检情况，每月应检测记录；每日应对稳压泵的停泵启泵压力和启泵次数等进行检查和记录运行情况。

（2）在市政供水阀门处于完全开启状态时，每月应对倒流防止器的压差进行检测。

（3）每季度应对消火栓进行一次外观和漏水检查，发现有不正常的消火栓应及时更换。

（4）每季度应对消防水泵接合器的接口及附件进行检查一次，并应保证接口完好、无渗漏、闷盖齐全。

（5）每年应对系统过滤器进行至少一次排渣，并应检查过滤器是否处于完好状态，当堵塞或损坏时应及时检修。

三、练习题

多项选择题（每题 2 分，每题的备选项中，有 2 个或 2 个以上符合题意，至少有 1 个错项。错选，本题不得分；少选，所选的每个选项得 0.5 分）

1. 下列关于该建筑消防系统检测的叙述中，正确的是（　　　）。

A. 消火栓栓口工作压力大于 0.70MPa 时，必须设置减压装置

B. 在消火栓泵组出水管上预留测量水泵性能的流量计和压力计接口

C. 吸水管、出水管上的控制阀锁定在常开位置

D. 消防水泵停泵时，水锤消除后的压力符合要求

E. 主电源发生故障时应能切换到备用电源。

2. 下列关于该建筑消防水池的说法，正确的有（　　　）。

A. 消防水池的有效容积不应小于 616m³

B. 消防水池的有效容积不应小于 768m³

C. 消防水池的有效容积不应小于 1084m³

D. 该建筑宜设两格能独立使用的消防水池

E. 该建筑应设置能独立使用的两座消防水池

3. 关于该建筑室内消火栓系统，下列说法正确的有（　　　）。

A. 该建筑消火栓系统的静压符合要求

B. 该建筑消火栓系统的动压符合要求

C. 消火栓充实水柱符合要求

D. 消火栓栓口距地面高度宜为 1.1m

E. 消火栓出水方向宜与设置消火栓的墙面成 90°角或向上

4. 下列关于该建筑屋顶高位消防水箱设置的说法，错误的有（　　　）。

A. 高位消防水箱的有效容积符合要求

B. 高位消防水箱人孔设置符合规范要求

C. 高位消防水箱的进水管管径、溢流管管径符合规范要求

D. 高位消防水箱的吸水喇叭口设置位置符合规范要求

E. 高位消防水箱的进水管在溢流水位以上接入

5. 下列关于该建筑增稳压设施设置的说法，正确的是（　　　）。

A. 该建筑稳压泵的启泵次数不符合规范要求

B. 该建筑气压罐的有效容积不符合规范要求

C. 稳压泵的设计压力应满足系统自动启动和管网充满水的要求

D. 稳压泵吸水管应设置止回阀

E. 稳压泵可不设置备用泵

6. 下列关于该建筑室内消火栓箱内设施配置的做法中，符合现行国家技术标准的是（　　　）。

A. 配置当量喷嘴直径 19mm 的消防水枪

B. 采用 DN65 的室内消火栓

C. 室内消火栓布置间距为 50.0m

D. 实测消防水枪充实水柱为 14.8m

E. 室内消火栓不能与消防软管卷盘或轻便水龙设置在同一箱体内

7. 下列关于该建筑消防水泵房检查的结果和说法，正确的是（　　　）。

A. 水泵控制柜平时可设置在手动启泵状态

B. 水泵控制柜平时应处于自动启泵状态

C. 消防水泵出水管上的试水管管径符合规定

D. 水泵控制柜的防护等级不应低于 IP30

E. 水泵控制柜的防护等级不应低于 IP55

8. 以下关于消防水泵操作控制说法中，正确的是（　　　）。

A. 消火栓按钮可直接启动消防水泵，并向消防控制室发出报警信号

B. 消防水泵应能手动和自动启停

C. 从接到启泵信号到水泵正常运转的自动启动时间不应多于 2min

D. 机械应急启动消防水泵时，应确保消防水泵在报警 5min 内正常工作

E. 消防水泵出水干管上设置的压力开关、高位消防水箱出水管上的流量开关应能直接自动启动消防水泵

9. 根据现行《消防给水及消防栓系统技术规范》（GB 50974）的相关规定，下列关于消火栓系统维护管理的说法，正确的有（　　　）。

A. 每季度应对市政管网倒流防止器进行压差测试

B. 每月应对过滤器进行排渣和清洗

C. 每季度应对水泵接合器接口附件进行检查

D. 每季度应对消火栓进行一次外观和漏水检查，发现不正常的消火栓应及时更换

E. 每周应对稳压泵的停泵压力和启泵次数等进行检查，并记录运行情况

【参考答案】

1. ACE   2. BD   3. BCD   4. ACD   5. ABC

6. ABD   7. BE   8. CDE   9. CD

第五篇　自动喷水灭火系统案例分析

学习要求

通过本篇的学习，熟悉国家工程建设消防技术标准规范；掌握自动喷水灭火系统的构成，自动喷水灭火系统系统组件安装调试、检测验收、维护管理的方法和要求；掌握自动喷水灭火系统组件（设备）的检查方法和要求。

案例十九　仓库自动喷水灭火系统检测与验收案例分析

一、情景描述

北方某市建有一座单层综合型成品仓库，该仓库作为某皮草品牌在北方的货物集散中心，占地面积为 11648m²，建筑面积为 11355m²，耐火等级为一级，建筑高度为 10m，最大储物高度为 9.5m，白天工作时间采用空调对仓库供暖，空调维持温度在 26℃左右，夜间非工作时间为了节约成本，无供暖设施。该地区冬季经常发生冰冻，该车间设置有消火栓系统及干式自动喷水灭火系统保护，设置喷头总数为 2460 只，备用喷头数为 50 只。

该仓库喷头分五批进场，第一批进场数量为 250 只，施工单位随机在该批次中抽取了 4 只进行密封性能试验，试验压力为 1.5MPa，保压时间 5min，测试喷头无渗漏，判定该批喷头合格。喷头试验完毕后采用专用的工具对喷头进行安装，待喷头全部安装完成后，对系统进行试压和冲洗，首先对系统管网进行冲洗，待冲洗结束后，进行水压强度试验，试验合格，最后进行水压严密性试验，无渗漏，系统试验完成，判定合格。

试验调试结束后，委托有资质的消防技术服务机构对该仓库进行整体的检测，检测过程中，记录有如下内容：

（1）检查报警阀组时发现自动滴水阀持续滴水，报警阀组设置有充气设备，供气管道采用管径为 12mm 的铜管，充气连接管管径为 10mm。

（2）开启末端试水装置，检查系统的联动功能，用秒表计时，90s 后末端试水装置开始出水，出水压力为 0.1MPa，水泵启动正常。

（3）测试结束后，对系统进行复位，人工手动停泵，排尽系统管网中的水，复位干式报警阀组，最后通过注水口向报警阀气室注入 100～150mm 清水。

二、关键知识点及依据

（一）设置场所火灾危险性等级分类

设置场所火灾危险等级应按表 5-19-1 划分为轻危险级、中危险级（Ⅰ级、Ⅱ级）、严重危险级（Ⅰ级、Ⅱ级）和仓库危险级（Ⅰ级、Ⅱ级、Ⅲ级）。

表 5-19-1 设置场所火灾危险等级分类

火灾危险等级		设置场所举例
轻危险级		住宅建筑、幼儿园、老年人建筑、建筑高度为 24m 及以下的旅馆、办公楼、仅在走道设置闭式系统的建筑等
中危险级	Ⅰ级	1. 高层民用建筑：旅馆、办公楼、综合楼、邮政楼、金融电信楼、指挥调度楼、广播电视楼（塔）等 2. 公共建筑（含单、多、高层）：医院、疗养院；图书馆（书库除外）、档案馆、展览馆（厅）；影剧院、音乐厅和礼堂（舞台除外）及其他娱乐场所；火车站和飞机场及码头的建筑；总建筑面积小于 5000m² 的商场、总建筑面积小于 1000m² 的地下商场等 3. 文化遗产建筑：木结构古建筑、国家文物保护单位等 4. 工业建筑：食品、家用电器、玻璃制品等工厂的备料与生产车间等；冷藏库、钢屋架等建筑构件
	Ⅱ级	1. 民用建筑：书库，舞台（葡萄架除外），汽车停车场，总建筑面积为 5000m² 及以上的商场，总建筑面积为 1000m² 及以上的地下商场，净空高度不超过 8m、物品高度不超过 35m 的超级市场等 2. 工业建筑：棉毛麻丝及化纤的纺织、织物及其制品，木材木器及胶合板，谷物加工，烟草及其制品，饮用酒（啤酒除外），皮革及其制品，造纸及纸制品，制药等工厂的备料与生产车间
严重危险级	Ⅰ级	印刷厂，酒精制品、可燃液体制品等工厂的备料与车间，净空高度不超过 8m、物品高度不超过 3.5m 的超级市场等
	Ⅱ级	易燃液体喷雾操作区域，固体易燃物品，可燃的气溶胶制品、溶剂清洗、喷涂油漆、沥青制品等工厂的备料及生产车间，摄影棚，舞台葡萄架下部
仓库危险级	Ⅰ级	食品，烟酒，木箱、纸箱包装的不燃及难燃物品等
	Ⅱ级	木材、纸、皮革、谷物及其制品、棉毛麻丝化纤及其制品、家用电器、电缆、B 组塑料与橡胶及其制品、钢塑混合材料制品、各种塑料瓶盒包装的不燃物品及各类物品混杂储存的仓库等
	Ⅲ级	A 组塑料与橡胶及其制品、沥青制品等

该建筑储存物品为皮革类，其火灾危险等级为仓库危险级 Ⅱ 级。

（二）系统选型

（1）环境温度不低于 4℃ 且不高于 70℃ 的场所，应采用湿式系统。

（2）环境温度低于 4℃ 或高于 70℃ 的场所，应采用干式系统。

（3）具有下列要求之一的场所，应采用预作用系统：

1）系统处于准工作状态时严禁误喷的场所；

2）系统处于准工作状态时严禁管道充水的场所；

3）用于替代干式系统的场所。

（4）灭火后必须及时停止喷水的场所，应采用重复启闭预作用系统。

（5）具有下列条件之一的场所，应采用雨淋系统：

1）火灾的水平蔓延速度快、闭式洒水喷头的开放不能及时使喷水有效覆盖着火区域的场所；

2）设置场所的净空高度超过相关规范规定，且必须迅速扑救初期火灾的场所；

3）火灾危险等级为严重危险级Ⅱ级的场所。

该建筑夜间常年在0℃左右，属环境温度低于4℃的场所，采用干式系统，符合规范要求。

（三）喷头现场检查

（1）喷头、报警阀组、压力开关、水流指示器、消防水泵、水泵接合器等系统主要组件，应经国家消防产品质量监督检验中心检测合格；稳压泵、自动排气阀、信号阀、多功能水泵控制阀、止回阀、泄压阀、减压阀、蝶阀、闸阀、压力表等，应经相应国家产品质量监督检验中心检测合格。

（2）喷头的现场检验必须符合下列要求：

1）喷头的商标、型号、公称动作温度、响应时间指数（RTI）、制造厂及生产日期等标志应齐全。

2）喷头的型号、规格等应符合设计要求。

3）喷头外观应无加工缺陷和机械损伤。

4）喷头螺纹密封面应无伤痕、毛刺、缺丝或断丝现象。

5）闭式喷头应进行密封性能试验，以无渗漏、无损伤为合格。

试验数量应从每批中抽查1%，并不得少于5只，试验压力应为3.0MPa，保压时间不得少于3min。当两只及两只以上不合格时，不得使用该批喷头。当仅有一只不合格时，应再抽查2%，并不得少于10只，重新进行密封性能试验；当仍有不合格时，也不得使用该批喷头。

该系统第一批进场数量为250只，施工单位随机在该批次中抽取4只进行密封性能试验，试验抽取的喷头数量不符合规范要求；喷头密封性能试验压力为1.5MPa，不符合规范要求。

（四）报警阀组安装

（1）报警阀组的安装应在供水管网试压、冲洗合格后进行。安装时应先安装水源控制阀、报警阀，然后进行报警阀辅助管道的连接。水源控制阀、报警阀与配水干管的连接，应使水流方向一致。报警阀组安装的位置应符合设计要求；当设计无要求时，报警阀组应安装在便于操作的明显位置，距室内地面高度宜为1.2m；两侧与墙的距离不应小于0.5m；正面与墙的距离不应小于1.2m；报警阀组凸出部位之间的距离不应小于0.5m。安装报警阀组的室内地面应有排水设施，排水能力应满足报警阀调试、验收和利用试水阀门泄空系统管道的要求。

（2）报警阀组附件的安装

1）压力表应安装在报警阀上便于观测的位置。

2）排水管和试验阀应安装在便于操作的位置。

3）水源控制阀的安装应便于操作，且应有明显开闭标志和可靠的锁定设施。

（3）干式报警阀组的安装

1）应安装在不发生冰冻的场所。

2）安装完成后，应向报警阀气室注入高度为50～100mm的清水。

3）充气连接管接口应在报警阀气室充注水位以上部位，且充气连接管的直径不应小于 15mm；止回阀、截止阀应安装在充气连接管上。

4）气源设备的安装应符合设计要求和国家现行有关标准的规定。

5）安全排气阀应安装在气源与报警阀之间，且应靠近报警阀。

6）加速器应安装在靠近报警阀的位置，且应有防止水进入加速器的措施。

7）低气压预报警装置应安装在配水干管一侧。

8）下列部位应安装压力表：报警阀充水一侧和充气一侧；空气压缩机的气泵和储气罐上；加速器上。

该建筑的干式报警阀组设置有充气设备，充气连接管管径为 10mm，不符合规范要求。

（五）系统试压和冲洗

（1）一般规定

1）管网安装完毕后，必须对其进行强度试验、严密性试验和冲洗。

2）强度试验和严密性试验宜用水进行。干式喷水灭火系统、预作用喷水灭火系统应做水压试验和气压试验。

3）管网冲洗应在试压合格后分段进行。冲洗顺序应先室外，后室内；先地下，后地上。室内部分的冲洗应按配水干管、配水管、配水支管的顺序进行。

4）试压用的压力表不应少于 2 只；精度不应低于 1.5 级，量程应为试验压力值的 1.5～2.0 倍。

（2）水压试验

1）当系统设计工作压力等于或小于 1.0MPa 时，水压强度试验压力应为设计工作压力的 1.5 倍，并不应低于 1.4MPa；当系统设计工作压力大于 1.0MPa 时，水压强度试验压力应为该工作压力加 0.4MPa。

2）水压强度试验的测试点应设在系统管网的最低点。对管网注水时应将管网内的空气排净，并应缓慢升压，达到试验压力并稳压 30min 后，管网应无泄漏、无变形，且压力降不应大于 0.05MPa。

3）水压严密性试验应在水压强度试验和管网冲洗合格后进行。试验压力应为设计工作压力，稳压 24h，应无泄漏。

4）水压试验时环境温度不宜低于 5℃，当低于 5℃时，水压试验应采取防冻措施。

5）自动喷水灭火系统的水源干管、进户管和室内埋地管道，应在回填前单独或与系统一起进行水压强度试验和水压严密性试验。

（3）气压试验

1）气压严密性试验压力应为 0.28MPa，且稳压 24h 后，压力降不应大于 0.01MPa。

2）气压试验的介质宜采用空气或氮气。

（4）冲洗

1）管网冲洗的水流流速、流量不应小于系统设计的水流流速、流量；管网冲洗宜分区、分段进行；水平管网冲洗时，其排水管位置应低于配水支管。

2）管网冲洗的水流方向应与灭火时管网的水流方向一致。

3）管网冲洗应连续进行。当出口处水的颜色、透明度与入口处水的颜色、透明度基本一致时冲洗方可结束。

4）管网冲洗宜设临时专用排水管道，其排放应通畅和安全。排水管道的截面面积不得小于被冲洗管道截面面积的60％。

5）管网的地上管道与地下管道连接前，应在配水干管底部加设堵头后对地下管道进行冲洗。

6）管网冲洗结束后，应将管网内的水排除干净，必要时可采用压缩空气吹干。

该建筑进行试压和冲洗时未进行气压试验，不符合规范要求；该建筑首先对系统管网进行冲洗，待冲洗结束后才进行水压强度试验，不符合规范要求。

（六）系统功能检测

干式系统：

（1）开启最不利处末端试水装置控制阀，查看水流指示器、压力开关和消防水泵、电动阀的动作情况及反馈信号，以及排气阀的排气情况。

（2）测量自开启末端试水装置到出水压力达到0.05MPa的时间。

（3）系统恢复正常。

（七）系统验收

（1）系统验收时，施工单位应提供的资料

1）竣工验收申请报告、设计变更通知书、竣工图；

2）工程质量事故处理报告；

3）施工现场质量管理检查记录；

4）自动喷水灭火系统施工过程质量管理检查记录；

5）自动喷水灭火系统质量控制检查资料；

6）系统试压、冲洗记录；

7）系统调试记录。

（2）消防水池及高位消防水箱的验收

1）高位消防水箱和消防水池的容量应符合设计要求。当消防水池采用两路消防供水且在火灾情况下连续补水能满足消防要求时，消防水池的有效容积应根据计算确定，但不应小于$100m^3$。

2）消防水池的总蓄水有效容积大于$500m^3$时，宜设置两格能独立使用的消防水池；当大于$1000m^3$时，应设置能独立使用的两座消防水池。每格（或座）消防水池应设置独立的出水管，并应设置满足最低有效水位的连通管，且其管径应能满足消防给水设计流量的要求。

3）消防水池进水管直径应计算确定，且不应小于100mm。消防水池应设置溢流水管和排水设施，并应采用间接排水。

4）高位消防水箱、消防水池的有效消防容积，应按出水管或吸水管喇叭口（或防止旋流器淹没深度）的最低标高确定。

5）消防用水与其他用水共用的水池，应采取确保消防用水量不作他用的技术措施。

6）消防水池及高位消防水箱应设置就地水位显示装置，并应在消防控制中心或值班室等地点设置显示消防水池（水箱）水位的装置，同时应有最高和最低报警水位。

（3）消防水泵的验收

1）工作泵、备用泵、吸水管、出水管及出水管上的阀门、仪表的规格、型号、数量应符合设计要求；吸水管、出水管上的控制阀应锁定在常开位置，并有明显标记。

2）消防水泵应采用自灌式引水或其他可靠的引水措施。

3）分别开启系统中的每一个末端试水装置和试水阀，水流指示器、压力开关等信号装置的功能应均符合设计要求。湿式自动喷水灭火系统的最不利点做末端放水试验时，自放水开始至水泵启动时间不应超过 5min。

4）打开消防水泵出水管上试水阀，当采用主电源启动消防水泵时，消防水泵应启动正常；关掉主电源，主电源、备用电源应能正常切换。备用电源切换时，消防水泵应在 1min 或 2min 内投入正常运行。自动或手动启动消防泵时应在 55s 内投入正常运行。

5）消防水泵停泵时，水锤消除设施后的压力不应超过水泵出口额定压力的 1.3～1.5 倍。

6）对消防气压给水设备，当系统气压下降到设计最低压力时，通过压力变化信号应能启动稳压泵。

7）消防水泵启动控制应置于自动启动挡，消防水泵应互为备用。

（4）报警阀组的验收应符合的要求

1）报警阀组的各组件应符合产品标准要求。

2）打开系统流量、压力检测装置放水阀，测试的流量、压力应符合设计要求。

3）水力警铃的设置位置应正确。测试时，水力警铃喷嘴处压力不应小于 0.05MPa，且距水力警铃 3m 远处警铃声声强不应小于 70dB。

4）控制阀均应锁定在常开位置。

5）空气压缩机或火灾自动报警系统的联动控制应符合设计要求。

6）打开末端试（放）水装置，当流量达到报警阀动作流量时，湿式报警阀和压力开关应及时动作，带延迟器的报警阀应在 90s 内压力开关动作，不带延迟器的报警阀应在 15s 内压力开关动作。

（5）喷头的验收

1）湿式系统的洒水喷头选型应符合下列规定：不做吊顶的场所，当配水支管布置在梁下时，应采用直立型洒水喷头。吊顶下布置的洒水喷头，应采用下垂型洒水喷头或吊顶型洒水喷头。顶板为水平面的轻危险级、中危险级 I 级住宅建筑、宿舍、旅馆建筑客房、医疗建筑病房和办公室，可采用边墙型洒水喷头。易受碰撞的部位，应采用带保护罩的洒水喷头或吊顶型洒水喷头。顶板为水平面，且无梁或通风管道等障碍物影响喷头洒水的场所，可采用扩大覆盖面积洒水喷头。不宜选用隐蔽式洒水喷头；确需采用时，应仅适用于轻危险级和中危险级 I 级场所。

2）干式系统、预作用系统应采用直立型洒水喷头或干式下垂型洒水喷头。

3）装设网格、栅板类通透性吊顶的场所，系统的喷水强度应按相关规定的 1.3 倍确定。装设网格、栅板类通透性吊顶场所喷头的布置，当通透面积占吊顶总面积的比例大于 70% 时，喷头应设置在吊顶上方，并应符合以下规定：通透性吊顶开口部位的净宽度不应小于 10mm，且开口部位的厚度不应大于开口的最小宽度。喷头间距及溅水盘与吊顶上表面的距离应符合表 5-19-2 的规定。

表 5-19-2　喷头间距及溅水盘与吊顶上表面的距离

火灾危险性等级	喷头间距 S（m）	喷头溅水盘与吊顶上表面的最小距离（mm）
轻危险级、中危险级Ⅰ级	$S \leqslant 3$	450
	$3 < S \leqslant 3.6$	600
	$S > 3.6$	900
中危险级Ⅱ级	$S \leqslant 3$	600
	$S > 3$	900

4）当梁、通风管道、成排布置的管道、桥架等障碍物的宽度大于 1.2m 时，其下方应增设喷头；采用早期抑制快速响应喷头和特殊应用喷头的场所，当障碍物宽度大于 0.6m 时，其下方应增设喷头。增设的洒水喷头上方有孔洞、缝隙时，可在洒水喷头的上方设置挡水板，挡水板应为正方形或圆形金属板，其平面面积不宜小于 0.12m²，周围弯边的下沿宜与洒水喷头的溅水盘平齐。

5）喷头设置场所、规格、型号、公称动作温度、响应时间指数（RTI）及喷头安装间距，喷头与楼板、墙、梁等障碍物的距离应符合设计要求。

（6）管网及末端试水装置的验收

1）管道的材质、管径、接头、连接方式、防腐防冻措施，以及管网不同部位安装的报警阀组、闸阀、止回阀、电磁阀、信号阀、水流指示器、减压孔板、节流管、减压阀、柔性接头、排水管、排气阀、泄压阀等应符合规范及设计要求。

2）配水管道可采用内外壁热镀锌钢管、涂覆钢管、铜管、不锈钢管和氯化聚氯乙烯（PVC-C）管。当报警阀入口前管道采用不防腐的钢管时，应在报警阀前设置过滤器。

3）配水管两侧每根配水支管控制的标准流量洒水喷头数量，轻危险级、中危险级场所不应超过 8 只，同时在吊顶上下设置喷头的配水支管，上下侧均不应超过 8 只；严重危险级及仓库危险级场所均不应超过 6 只。

4）每个报警阀组控制的最不利点洒水喷头处应设末端试水装置，其他防火分区、楼层均应设直径为 25mm 的试水阀。

5）末端试水装置应由试水阀、压力表及试水接头组成。试水接头出水口的流量系数，应等同于同楼层或防火分区内的最小流量系数洒水喷头。末端试水装置的出水，应采取孔口出流的方式排入排水管道，排水立管宜设伸顶通气管，且管径不应小于 75mm。末端试水装置和试水阀应有标识，距地面的高度宜为 1.5m，并应采取不被他用的措施。

6）当自动喷水灭火系统中设有 2 个及以上报警阀组时，报警阀组前应设环状供水管道。环状供水管道上设置的控制阀应采用信号阀；当不采用信号阀时，应设锁定阀位的锁具。

7）干式系统和预作用系统的配水管道应设快速排气阀。有压充气管道的快速排气阀入口前应设电动阀。

8）干式系统、由火灾自动报警系统和充气管道上设置的压力开关开启预作用装置的预作用系统，其配水管道充水时间不宜大于 1min；雨淋系统和仅由火灾自动报警系统联动开启预作用装置的预作用系统,其配水管道充水时间不宜大于 2min。

该建筑干式系统管网充水时间超过 1min,不符合规范要求。

三、练习题

根据以上材料,回答下列问题:

1. 判断该仓库自喷设置场所的火灾危险等级,系统选型是否正确,能否采用湿式系统代替,并说明理由。

2. 指出施工单位试验中存在的不合理的地方,并说明理由。

3. 指出检测记录中存在的不正确的地方,并说明理由。

4. 试分析自动滴水阀持续滴水的原因。

5. 联动功能测试时,90s 后末端试水装置开始出水,是否合理? 如果不合理,请简述可能的原因。

【参考答案】

1. 答:

(1) 该仓库储存物品为皮革类,其火灾危险等级为仓库危险级 II 级。

(2) 系统选用干式系统正确。

理由:该仓库虽然白天温度在 26℃,但是夜间温度常年在 0℃ 左右,环境温度低于 4℃ 的场所,应采用干式系统。

(3) 不可采用湿式系统代替,湿式系统安装的环境温度要求为 4～70℃,夜间温度不满足湿式系统适用的要求。

2. 答:

(1) 第一批进场数量为 250 只,施工单位随机在该批次中抽取 4 只进行密封性能试验,不正确。

理由:喷头密封性能试验数量应不少于每批总数的 1%,且不少于 5 只。

(2) 试验压力为 1.5MPa,保压时间为 5min,测试喷头无渗漏,判定该批喷头为合格,不正确。

理由:试验压力应为 3MPa。

(3) 待喷头全部安装完成后,对系统进行试压和冲洗,不正确。

理由:喷头安装应在系统试压和冲洗合格后进行。

(4) 首先对系统管网进行冲洗,待冲洗结束后,进行水压强度试验,试验合格,最后进行水压严密性试验,无渗漏,系统试验完成,判定合格,不正确。

理由:管网冲洗应在试压合格后分段进行,干式喷水灭火系统应做水压试验和气压试验。

3. 答:

(1) 检查报警阀组时发现自动滴水阀持续滴水,不正确。

理由:系统水流偶尔出现波动,自动滴水阀会有滴水的现象,持续滴水说明存在持续漏水的现象。

(2) 报警阀组设置有充气设备,充气连接管管径为 10mm,不正确。

理由:充气连接管管径不应小于 15mm。

（3）开启末端试水装置，检查系统的联动功能，用秒表计时，90s后端试水装置开始出水不正确。

理由：干式系统管网充水时间不应大于1min。

（4）测试结束后，最后通过注水口向报警阀气室注入100～150mm清水不正确。

理由：应向报警阀气室注入50～100mm清水。

4. 答：

（1）干式报警阀瓣渗漏。

（2）干式报警阀瓣老化，密封不严密。

（3）自动滴水阀安装位置不正确。

（4）系统侧渗漏导致报警阀瓣经常性波动。

（5）报警管路报警铃阀关闭不严，持续有水流进自动滴水阀。

5. 答：不合理，干式系统充水时间不应大于1min。导致充水时间过长的可能原因有：

（1）快速排气阀损坏。

（2）快速排气阀前电动阀未动作。

（3）系统管网过大。

（4）系统加速器未动作。

（5）报警阀瓣卡阻。

（6）末端试水装置阀门未完全开启。

案例二十　商场自动喷水灭火系统检测与验收案例分析

一、情景描述

某中部地区百货商场，地上5层，地下2层，层高为4m，每层面积为3200m²。地上一至五层均为服装、鞋帽商场，地下一层为超市和部分设备用房，设备用房建筑面积为500m²。地下二层为汽车库。该商场地上一至四层设置有中庭及环廊，中庭面积为500m²，中庭采用了符合规范的防火分隔措施，且中庭未设置自喷。

除设备用房采用预制七氟丙烷气体灭火系统进行保护外，其他部位均设置湿式自动喷水灭火系统进行保护。自动喷水灭火系统的喷头全部采用ZSTX15-79（℃），设有2个湿式报警阀组。

某消防技术检测维保机构受邀对该商场自动喷水灭火系统进行消防设施检测。据值班人员反映，报警阀处延迟器下部节流板持续有水滴出，值班人员将小孔封堵后会偶有误报的情况发生。随后维保检测人员检查湿式报警阀，系统侧压力表和供水侧压力表显示值有异常且有些许波动，询问值班人员延迟器漏水情况持续时间，值班人员回答不知道。

随后维保检测人员进行了系统功能测试。测试结果如下：

（1）打开末端试水装置，流量稳定后显示为1L/s，压力表处读数显示为0.035MPa，该防火分区处的水流指示器未动作，值班人员提议检查下水流指示器前的阀门是否开启。

（2）维保检测人员打开末端试水装置，6.5min后水泵正常启动运行。

（3）设备用房采用一套由12个七氟丙烷灭火剂瓶装置组成的预制灭火系统，泄压口底边距顶板面1.5m。

二、关键知识点及依据

（一）设置场所火灾危险性等级分类

根据《自动喷水灭火系统设计规范》（GB 50084—2017）的规定，该百货商场地上面积为16000m²，为中危险级Ⅱ级；地下超市面积为2700m²，为中危险级Ⅱ级；地下2层车库为中危险级Ⅱ级，所以该建筑火灾危险等级为中危险级Ⅱ级。

（二）自动喷水灭火系统的持续喷水时间

（1）除《自动喷水灭火系统设计规范》（GB 50084—2017）另有规定外，自动喷水灭火系统的持续喷水时间应按火灾延续时间不小于1h确定。该建筑的自动喷水灭火系统的持续喷水时间应不小于1h。

（2）仓库危险级Ⅱ级场所的持续喷水时间见表5-20-1。

表5-20-1　仓库危险级Ⅱ级场所的持续喷水时间

储存方式	最大净空高度 h（m）	最大储物高度 h_s（m）	喷水强度 [L/（min·m²）]	作用面积（m²）	持续喷水时间（h）
堆垛、托盘	9.0	$h_s \leqslant 3.5$	8.0	160	1.5
		$3.5 < h_s \leqslant 6.0$	16.0	200	2.0
		$6.0 < h_s \leqslant 7.5$	22.0		
单、双、多排货架		$h_s \leqslant 3.0$	8.0	160	1.5
		$3.0 < h_s \leqslant 3.5$	12.0	200	
单、双排货架		$3.5 < h_s \leqslant 6.0$	24.0	280	
		$6.0 < h_s \leqslant 7.5$	22+1J		2.0
多排货架		$3.5 < hs \leqslant 4.5$	18.0	200	
		$4.5 < h_s \leqslant 6.0$	18.0+1J		
		$6.0 < h_s \leqslant 7.5$	18.0+2J		

注：J表示货架内置洒水喷头，J前的数字表示货架内置洒水喷头的层数。

（三）自动喷水灭火系统的维护保养

（1）从事建筑消防设施保养的人员，应通过消防行业特有工种职业技能鉴定，持有高级技能以上等级的职业资格证书。

（2）每月应对自动喷水灭火系统的下列内容进行检查和试验，并填写相应记录：

1）对消防水池、消防水箱、消防储备水位、保证消防用水不作他用的技术措施、消防气压给水设备及气体压力进行检查，发现故障时应及时进行处理。钢板消防水箱和消防气压给水设备的玻璃水位计两端的角阀，在不进行水位观察时应关闭。

2）对消防水泵接合器的接口及附件进行检查，并应保证接口完好、无渗漏、闷盖齐全。

3）对消防水泵（包括内燃机驱动的消防水泵）进行一次运转情况测试。当消防水泵为自动控制启动时，应模拟自动控制的条件启动运转一次。

4）对喷头进行一次外观及备用数盘检查，发现有不正常的喷头应及时更换；当喷头上有异物时应及时清除。更换或安装喷头均应使用专用扳手。

5）对系统上所有的控制阀门的铅封、锁链进行检查，控制阀门的铅封或锁链固定在开启或规定的状态，当有破坏或损坏时应及时修理更换。

6）对电磁阀进行检查并做启动试验，动作失常时应及时更换。

7）利用末端试水装置进行放水试验，检查水流指示器的动作情况。

（3）每季度应对自动喷水灭火系统的下列功能进行检查和试验，并填写相应记录：

1）对系统所有的末端试水阀和报警阀旁的放水试验阀进行一次放水试验，检查系统启动、报警功能及出水情况是否正常。

2）室外阀门井中，进水管上的控制阀门应每个季度检查一次，核实其处于安全开启状态。

（4）每年应对自动喷水灭火系统的下列功能进行检查和试验，并填写相应记录：

1）对水源的供水能力进行测定。

2）对消防储水设备进行检查，修补缺损和重新油漆。

（5）建筑物、构筑物的使用性质或储存物安放位置、堆存高度的改变，影响到系统功能而需要进行修改时，应重新进行设计。

根据《建筑消防设施的维护管理》，从事建筑消防设施维修的人员，应当通过消防行业特有工种职业技能鉴定，持有技师以上等级职业资格证书。该建筑值班人员将延迟器下部节流板小孔封堵，不符合规范规定。

根据《自动喷水灭火系统设计规范》（GB 50084—2017），维护管理人员每天应对水源控制阀、报警阀组进行外观检查，并应保证系统处于无故障状态。该建筑的值班人员不知道延迟器漏水情况持续时间，违反规范规定。

（四）喷头的选型和布置

（1）喷头的选型

1）闭式系统的洒水喷头，其公称动作温度宜高于环境最高温度30℃。ZSTX15-79（℃）参数为：X＝下垂型喷头，15＝公称直径15mm，79℃＝公称动作温度79℃。因此可以看出，该建筑使用的喷头选型不符合要求。

2）宜采用快速响应洒水喷头的场所：公共娱乐场所、中庭环廊；医院、疗养院的病房及治疗区域，老年、少儿、残疾人的集体活动场所；超出消防水泵接合器供水高度的楼层；地下商业场所等。当采用快速响应洒水喷头时，系统应为湿式系统。该建筑自动喷水灭火系统全部采用 ZSTX15-79（℃），不符合规范要求。

（2）直立型、下垂型标准覆盖面积洒水喷头的布置，包括同一根配水支管上喷头的间距及相邻配水支管的间距，应根据设置场所的火灾危险等级、洒水喷头类型和工作压力确定，并不应大于表5-20-2的规定，且不应小于1.8m。

表 5-20-2　直立型、下垂型标准覆盖面积洒水喷头的布置间距

火灾危险等级	正方形布置的边长（m）	矩形或平行四边形布置的长边边长（m）	一只喷头的最大保护面积（m²）	喷头与端墙的距离（m）	
				最大	最小
轻危险级	4.4	4.5	20.0	2.2	0.1
中危险级Ⅰ级	3.6	4.0	12.5	1.8	
中危险级Ⅱ级	3.4	3.6	11.5	1.7	
严重危险级、仓库危险级	3.0	3.6	9.0	1.5	

注：1. 设置单排洒水喷头的闭式系统，其洒水喷头间距应按地面不留漏喷空白点确定。
　　2. 严重危险级或仓库危险级场所宜采用流量系数大于80的洒水喷头。

（3）直立型、下垂型扩大覆盖面积洒水喷头应采用正方形布置，其布置间距不应大于表 5-20-3 的规定，且不应小于 2.4m。

表 5-20-3　直立型、下垂型扩大覆盖面积洒水喷头的布置间距

火灾危险等级	正方形布置的边长（m）	一只喷头的最大保护面积（m²）	喷头与端墙的距离（m）	
			最大	最小
轻危险级	5.4	29.0	2.7	0.1
中危险级Ⅰ级	4.8	23.0	2.4	
中危险级Ⅱ级	4.2	17.5	2.1	
严重危险级	3.6	13.0	1.8	

（五）报警阀组

（1）自动喷水灭火系统应设报警阀组。保护室内钢屋架等建筑构件的闭式系统，应设独立的报警阀组。水幕系统应设独立的报警阀组或感温雨淋报警阀。

（2）串联接入湿式系统配水干管的其他自动喷水灭火系统，应分别设置独立的报警阀组，其控制的洒水喷头数计入湿式报警阀组控制的洒水喷头总数。

（3）一个报警阀组控制的洒水喷头数应符合下列规定：

1）湿式系统、预作用系统不宜超过 800 只；干式系统不宜超过 500 只。

2）当配水支管同时设置保护吊顶下方和上方空间的洒水喷头时，应只将数量较多一侧的洒水喷头计入报警阀组控制的洒水喷头总数。该建筑设置 2 个报警阀组，不能满足要求。

（4）每个报警阀组供水的最高与最低位置洒水喷头，其高程差不宜大于 50m。

（5）雨淋报警阀组的电磁阀，其入口应设过滤器。并联设置雨淋报警阀组的雨淋系统，其雨淋报警阀控制组的入口应设止回阀。

（6）报警阀组宜设在安全及易于操作的地点，报警阀距地面的高度宜为 1.2m。设置报警阀组的部位应设有排水设施。

（7）连接报警阀进出口的控制阀应采用信号阀。当不采用信号阀时，控制阀应设锁定阀位的锁具。

（8）水力警铃的工作压力不应小于 0.05MPa，并应符合下列规定：

1）应设在有人值班的地点附近或公共通道的外墙上；

2) 与报警阀连接的管道，其管径应为 20mm，总长不宜大于 20m。

（六）水流指示器

（1）除报警阀组控制的洒水喷头只保护不超过防火分区面积的同层场所外，每个防火分区、每个楼层均应设水流指示器。仓库内顶板下洒水喷头与货架内置洒水喷头应分别设置水流指示器。

（2）当水流指示器入口前设置控制阀时，应采用信号阀。该建筑的水流指示器前的阀门应采用信号阀。

（3）水流指示器不动作，或者关闭末端试水装置后，水流指示器反馈信号仍然显示为动作信号。原因：桨片被管腔内杂物卡阻；调整螺母与触头未调试到位；电路接线脱落。

（七）系统调试

（1）系统调试应包括下列内容：水源测试；消防水泵调试；稳压泵调试；报警阀调试；排水设施调试；联动试验。

（2）消防水泵调试应符合：以自动或手动方式启动消防水泵时，消防水泵应在 55s 内投入正常运行；以备用电源切换方式或备用泵切换启动消防水泵时，消防水泵应在 1min 或 2min 内投入正常运行。

（3）稳压泵应按设计要求进行调试。当达到设计启动条件时，稳压泵应立即启动；当达到系统设计压力时，稳压泵应自动停止运行；当消防主泵启动时，稳压泵应停止运行。

（4）湿式报警阀调试时，在末端装置处放水，当湿式报警阀进口水压大于 0.14MPa、放水流量大于 1L/s 时，报警阀应及时启动；带延迟器的水力警铃应在 5～90s 内发出报警铃声，不带延迟器的水力警铃应在 15s 内发出报警铃声；压力开关应及时动作，启动消防泵并反馈信号。

（5）干式报警阀调试时，开启系统试验阀，报警阀的启动时间、启动点压力、水流到试验装置出口所需时间，均应符合设计要求。

（6）雨淋阀调试宜利用检测、试验管道进行。自动和手动方式启动的雨淋阀，应在 15s 之内启动；公称直径大于 200mm 的雨淋阀调试时，应在 60s 之内启动。雨淋阀调试时，当报警水压为 0.05MPa 时，水力警铃应发出报警铃声。打开该建筑自动喷水灭火系统的末端试水装置，压力表处读数显示为 0.035MPa，不符合规范要求。

（7）联动试验应符合下列要求：

1）湿式系统的联动试验，启动 1 只喷头或以 0.94～1.5L/s 的流量从末端试水装置处放水时，水流指示器、报警阀、压力开关、水力警铃和消防水泵等应及时动作，并发出相应的信号。

2）预作用系统、雨淋系统、水幕系统的联动试验，可采用专用测试仪表或其他方式，对火灾自动报警系统的各种探测器输入模拟火灾信号，火灾自动报警控制器应发出声光报警信号，并启动自动喷水灭火系统；采用传动管启动的雨淋系统、水幕系统联动试验时，启动 1 只喷头，雨淋阀打开，压力开关动作，水泵启动。

3）干式系统的联动试验，启动 1 只喷头或模拟 1 只喷头的排气量排气，报警阀应及时启动，压力开关、水力警铃动作并发出相应信号。

（八）七氟丙烷气体灭火系统

（1）1个防护区设置的预制灭火系统，其装置数量不宜超过10台。该建筑的预制灭火系统1个防护区由12台七氟丙烷灭火剂瓶装置组成，不符合规范要求。

（2）同一防护区内的预制灭火系统装置多于1台时，必须能同时启动，其动作响应时差不得大于2s。

（3）防护区应设置泄压口，七氟丙烷灭火系统的泄压口应位于防护区净高的2/3以上。该建筑七氟丙烷灭火系统的泄压口位于防护区净高的2/3以下，不符合规范要求。

（4）防护区设置的泄压口，宜设在外墙上。泄压口面积按相应气体灭火系统设计规定计算。

（5）喷放灭火剂前，防护区内除泄压口外的开口应能自行关闭。

三、练习题

根据以上材料，回答下列问题：

1. 按照国家标准中有关自动喷水灭火系统设置场所火灾危险等级的划分规定，该建筑属于什么级别？自动喷水灭火系统的设计喷水持续时间为多少？

2. 试分析延迟器节流板不断有水滴出的原因，根据该背景描述分析偶尔误报的原因。

3. 指出值班人员的做法中存在的问题，并说明理由。

4. 指出该建筑自动喷水灭火系统的喷头选型及报警阀组存在的问题，并说明理由。

5. "值班人员提议检查下水流指示器前的阀门是否开启"的提议是否合理？说明理由。分析达到规定的流量时水流指示器不动作可能存在的原因。

6. 简述该建筑消防设施存在的其他问题，并说明理由。

【参考答案】

1. 答：

（1）该百货商场属于中危险级Ⅱ级。

（2）自动喷水灭火系统的设计喷水持续时间不少于1.0h。

2. 答：

（1）延迟器节流板不断有水滴出的原因：

1）阀瓣密封垫老化或者损坏，导致阀瓣密封不严实，有水流入报警管路，通过节流板滴出。

2）排水阀门、系统测试水阀等未关闭完全，导致报警阀瓣处有微弱的水波波动，少许水流入报警管路，通过节流板小孔滴出。

3）系统侧管网有渗漏，导致阀瓣上下有压力差，系统侧压力减小，导致有水流入报警管路，通过节流板滴出。

4）阀瓣组件与阀座之间因变形或者污垢、杂物阻挡出现不密封状态，导致报警阀内的水通过缝隙流入报警管路并通过节流板滴出。

（2）偶尔误报的原因：值班人员将延迟器节流板下部小孔封堵，导致水流入报警管路，无法排出，从而触动报警装置。

3. 答：

（1）值班人员将延迟器下部节流板小孔封堵。

理由：延迟器下部节流板持续滴水，值班人员应该及时报告上级，并请持有技师以上等级职业资格证书的专业人员进行故障处理，而不应当自己封堵小孔。

（2）值班人员不知道延迟器漏水情况持续时间。

理由：值班人员应按照要求每天对报警阀组进行外观检查。

4. 答：

（1）自动喷水灭火系统的喷头全部采用 ZSTX15-79（℃）。

理由：

1）ZSTX15-79（℃）为标准响应喷头，该商场设有中庭环廊，中庭环廊及地下超市宜采用快速响应洒水喷头。

2）该建筑采用动作温度为 79℃的喷头，动作温度过高，不能及时响应。闭式系统的洒水喷头，其公称动作温度高于环境最高温度 30℃即可，因此该建筑应选用动作温度为 68℃的洒水喷头。

（2）设有 2 个湿式报警阀组。

理由：该建筑各层均为中危险级 Ⅱ 级，每个喷头的保护面积为 $11.5m^2$，因此该建筑共需要设置的喷头数为（3200×7−500−500×4）÷11.5＝1731（只），需要的报警阀为 1731÷800≈3（只）。因此，该建筑设置的 2 个报警阀组不能满足要求。

5. 答：

（1）值班人员的提议不合理。

理由：水流指示器前采用的应为信号阀，如果阀门关闭，会在消防控制室显示，维保检测人员打开末端试水装置可以有水流出，且消防水泵能够启动，即可证明该部分的信号阀是开启的。

（2）不动作原因：

1）水流指示器桨片被管腔内杂物卡阻；

2）调整螺母与触头未调试到位；

3）电路接线脱落。

6. 答：

（1）打开末端试水装置，流量稳定后显示为 1L/s，压力表处读数显示为 0.035MPa。

理由：该建筑净空高度小于 8m，湿式系统最不利点处洒水喷头的工作压力不应低于 0.05MPa。

（2）维保检测人员打开末端试水装置，6.5min 后水泵正常启动运行。

理由：湿式自动喷水灭火系统的最不利点做末端放水试验时，自放水开始至水泵启动时间不应超过 5min。

（3）设备用房采用一套由 12 个七氟丙烷灭火剂瓶装置组成的预制灭火系统，泄压口底边距顶板面 1.5m。

理由：一个防护区设置的预制灭火系统，其装置数量不宜超过 10 台；七氟丙烷灭火系统的泄压口应位于防护区净高的 2/3 以上，该建筑层高为 4m，该设备室泄压口距顶面为 1.5m，距地面为 2.5m，位于防护区净高 2/3 以下。

案例二十一　多层综合楼自动喷水灭火系统检测与验收案例分析

一、情景描述

某南方地区商业综合体，地上 5 层，地下 2 层，层高为 4m，建筑高度为 20m，每层建筑面积为 2000m²，一至三层为商场，四至五层为小餐饮场所，地下一层为汽车库，地下 2 层为设备用房及部分汽车库，地上部分均设置了吊顶，地下部分未设置吊顶。该建筑全部设置了湿式自动喷水灭火系统，地上部分采用 ZSTDY20-68（℃）、流量系数 $K=80$ 的标准覆盖面积洒水喷头，地下部分采用 ZSTX20-68（℃）喷头，且配水支管布置在梁下，屋顶采用高位消防水箱稳压，喷淋泵满足最低设计流量、压力要求。

由于使用需求，现将一至三层中间区域改造为贯通的中庭，仍使用原湿式自动喷水灭火系统及其喷头；五层整体改造为一个摄影棚，采用雨淋系统保护，该雨淋系统串联接入原湿式系统配水管，共设有 6 个雨淋报警阀，喷头改为开式喷头。

某维保机构对改造后的商业综合体进行检测，检测结果如下：

项目 1　打开三层的试水装置，有水流出，水泵也正常启动，但末端出水压力始终偏小。

项目 2　检查中发现五层的一台雨淋报警阀始终不能进入伺应状态。

项目 3　检查中还发现该建筑地上部分未设水流指示器（报警阀个数符合经济原则），检查人员说符合规范要求。

二、关键知识点及依据

（一）自动喷水灭火系统设置场所火灾危险等级分类

设置场所火灾危险等级应按表 5-19-1 划分为轻危险级、中危险级（Ⅰ级、Ⅱ级）、严重危险级（Ⅰ级、Ⅱ级）和仓库危险级（Ⅰ级、Ⅱ级、Ⅲ级）。

该案例中的建筑为商业建筑，总建筑面积为 $2000 \times 3 = 6000$（m²），根据《自动喷水灭火系统设计规范》（GB 50084—2017），该建筑属于中危险级Ⅱ级场所。

本案例中，五层整体改造为摄影棚后，五层为严重危险级Ⅱ级。

（二）湿式系统洒水喷头选型的规定

（1）不做吊顶的场所，当配水支管布置在梁下时，应采用直立型洒水喷头。

（2）吊顶下布置的洒水喷头，应采用下垂型洒水喷头或吊顶型洒水喷头。

（3）顶板为水平面的轻危险级、中危险级Ⅰ级住宅建筑、宿舍、旅馆建筑客房、医疗建筑病房和办公室，可采用边墙型洒水喷头。

（4）易受碰撞的部位，应采用带保护罩的洒水喷头或吊顶型洒水喷头。

（5）顶板为水平面，且无梁、通风管道等障碍物影响喷头洒水的场所，可采用扩大覆盖面积洒水喷头。

（6）住宅建筑和宿舍、公寓等非住宅类居住建筑宜采用家用喷头。

（7）不宜选用隐蔽式洒水喷头；确需采用时，应仅适用于轻危险级和中危险级Ⅰ级场所。

该建筑商业场所属于中危险级Ⅱ级场所，不能采用隐蔽型喷头。地上有吊顶的场所，应采用下垂型洒水喷头或吊顶型洒水喷头；地下部分未设吊顶，且配水支管布置在梁下，应采用直立型洒水喷头。

（三）系统组件

（1）建筑物中保护局部场所的干式系统、预作用系统、雨淋系统、自动喷水-泡沫联用系统，可串联接入同一建筑物内的湿式系统，并应与其配水干管连接。

（2）除报警阀组控制的洒水喷头只保护不超过防火分区面积的同层场所外，每个防火分区、每个楼层均应设水流指示器。

（3）雨淋系统和防火分隔水幕，其水流报警装置应采用压力开关。

（4）喷头型号、规格的标记由类型特征代号（型号）、性能代号（表5-21-1）、公称口径和公称动作温度等部分组成，型号、规格所示的性能参数应符合设计文件的选型要求。常见喷头型号、规格见表5-21-1。

表5-21-1　常见喷头型号、规格

喷头名称	直立型喷头	下垂型喷头	直立边墙型喷头	水平边墙型喷头	干式喷头	齐平式喷头	嵌入式喷头	隐蔽式喷头
性能代号	ZSTZ	ZSTX	ZSTBZ	ZSTBS	ZSTG	ZSTDQ	ZSTDR	ZSTDY

根据《自动喷水灭火系统设计规范》（GB 50084—2017），本案例中建筑地上部分为中危险级Ⅱ级场所，所以不应选用隐蔽式洒水喷头。地下部分，配水支管布置在梁下，应采用直立型洒水喷头。

（四）设计基本参数

（1）民用建筑和厂房采用湿式系统时的设计基本参数不应低于表5-21-2的规定。

表5-21-2　民用建筑和厂房采用湿式系统时的设计基本参数

火灾危险等级	净空高度（m）	喷水面积[L/（min·m²）]	作用面积（m²）
轻危险级		4	
中危险级Ⅰ级		6	160
中危险级Ⅱ级	≤8	8	
严重危险级Ⅰ级		12	260
严重危险级Ⅱ级		16	

注：系统最不利点处洒水喷头的工作压力不应低于0.05MPa。

（2）干式系统和雨淋系统的设计要求应符合下列规定：

1）干式系统的喷水强度应按《自动喷水灭火系统设计规范》（GB 50084—2017）表5.0.1、表5.0.4-1～表5.0.4-5的规定值确定，系统作用面积应按对应值的1.3倍确定；

2）雨淋系统的喷水强度和作用面积应按《自动喷水灭火系统设计规范》（GB 50084—2017）表5.0.1的规定值确定，且每个雨淋报警阀控制的喷水面积不宜大于表5.0.1中的作用面积。

118

本案例中改造后的第五层摄影棚,自动喷水灭火系统危险等级为严重危险级Ⅱ级,系统的作用面积不宜大于260m²。

(3)民用建筑和厂房高大空间场所采用湿式系统的设计基本参数不应低于表5-21-3的规定。

表5-21-3 民用建筑和厂房高大空间场所采用湿式系统的设计基本参数

适用场所		净空高度 H（m）	喷水强度 $[L/(min \cdot m^2)]$	作用面积（m²）	喷头最大间距 S（m）
民用建筑	中庭、体育馆、航站楼等	8<H≤12	12	160	1.8≤S≤30
		12<H≤18	15		
	影剧院、音乐厅、会展中心等	8<H≤12	15		
		12<H≤18	20		
厂房建筑	制衣制鞋、玩具、木器、电子生产车间等	8<H≤12	15		
	棉纺厂、麻纺厂、泡沫塑料生产车间等		20		

注:1. 表中未列入的场所,应根据本表规定场所的火灾危险性类比确定。
2. 当民用建筑高大空间场所的最大净空高度为12m<H≤18m时,应采用非仓库型特殊应用喷头。

本案例中,将一至三层中间区域改造为贯通的中庭后,中庭部位的净高为12m,该场所自动喷水灭火系统的喷水强度不应低于12L/(min·m²),作用面积不应低于160m²。

(4)直立型、下垂型标准覆盖面积洒水喷头的布置,包括同一根配水支管上喷头的间距及相邻配水支管的间距,应根据设置场所的火灾危险等级、洒水喷头类型和工作压力确定,并不应大于表5-20-2的规定,且不应小于1.8m。

三、练习题

根据以上材料,回答下列问题:
1. 指出改造前的喷头选型存在什么问题,并说明理由。
2. 指出原系统喷淋泵设计流量能否满足改造后中庭的流量要求,并说明理由。
3. 指出改造后的雨淋系统设置存在什么问题,并说明理由。
4. 请说出检测项目1最有可能的原因是什么,检测项目2雨淋阀不能进入伺应状态的原因是什么,并说明理由。
5. 请说出检测项目3中检测人员的判断是否正确,并说明理由。

【参考答案】

1. 答:
(1)地上部分采用ZSTDY20-68（℃）喷头。

理由:上述喷头是隐蔽型喷头,只能用于轻危险级和中危险级Ⅰ级场所。

该建筑商业场所总面积为2000×3＝6000（m²）,属于中危险级Ⅱ级场所,不能采用隐蔽型喷头。

（2）地下部分采用 ZSTX20-68（℃）喷头。

理由：上述喷头是下垂型喷头，而地下部分未设吊顶，且配水支管布置在梁下，应采用直立型洒水喷头。

2. 答：不能满足。

理由：原系统喷淋泵设计流量为（以商业场所计算，因为商业场所为中危险级Ⅱ级，其他区域为中危险级Ⅰ级）$8×160/60=21.33$（L/s），改造后中庭设计流量为 $12×160/60=32$（L/s），故不满足。

3. 答：

（1）雨淋系统串联接入原湿式系统配水管。

理由：只能串联接入湿式系统配水干管。

（2）共设有 6 个雨淋报警阀。

理由：5 层共 2000m²，摄影棚属于严重危险级Ⅱ级，一个雨淋报警阀保护的最大面积为 260m²，故报警阀 $=2000/260=7.69$（只），取 8 只。

4. 答：

（1）检测项目 1 最有可能的原因是水泵流量、压力不能满足改造后的使用要求。

（2）雨淋阀不能进入伺应状态的原因如下：

1）复位装置存在问题。

2）未按照安装调试说明书将报警阀组调试到伺应状态。

3）消防用水水质存在问题，杂质堵塞了隔膜室管道上的过滤器。

5. 答：

（1）地上一至四层未设水流指示器，不正确。

理由：地上每层划分为一个防火分区，每个防火分区应设水流指示器。

（2）地上五层未设水流指示器，正确。

理由：改造后五层采用雨淋系统，该系统不设水流指示器，应采用压力开关作为水流报警装置。

案例二十二　高层综合楼自动喷水灭火系统检测与验收案例分析

一、情景描述

某东北地区一新建高层商业综合楼冬季温度最低为 -25℃，地上 10 层，地下 2 层，每层建筑面积为 5000m²，首层至五层为商场，六至十层为办公场所。地下一层、二层为超市，室内净空高度为 5m，物品高度为 3.5m，地上部分有吊顶，地下部分采用通透型格栅吊顶，通透面积占吊顶面积的 80%，喷头布置在吊顶下方。商场和超市均采用型号为 ZSTZ15-57-79（℃）的标准覆盖洒水喷头，商场区域设置的喷头采用标准覆盖的洒水喷头，间距为 1.6m。该建筑采用仅由火灾报警系统控制预作用装置的预作用系统。

设置在消防水泵房内的预作用报警装置，距地面高度为 1.1m，共设置 2 个报警阀组控制地上商场内的所有喷头，且备用喷头数为 25 只。水力警铃设置在无人值班的管理室，通过管径 25mm、长度 30m 的管道与报警阀连接。

消防检测机构按时对该楼的预作用装置进行功能检测，预作用装置动作后，检测人员打开末端试水装置，末端试水装置出水压力为 0.05MPa，6min 后水力警铃发出响声。

二、关键知识点及依据

（一）自动喷水灭火系统设置场所火灾危险等级分类

自动喷水灭火系统设置场所火灾危险等级分类见表 5-19-1。

根据《自动喷水灭火系统设计规范》（GB 50084—2017），本案例中的综合楼，首层至五层为商场，每层面积为 5000m²，自动喷水灭火系统的危险等级为中危险级Ⅱ级。地下一层、二层的超市，危险等级为中危险级Ⅱ级。

（二）相关设计参数

（1）系统设计参数

1）民用建筑和厂房采用湿式系统时的设计基本参数见表 5-21-2。

2）预作用系统的设计要求应符合下列规定：系统的喷水强度应按湿式系统的规定值确定；当系统采用仅由火灾自动报警系统直接控制预作用装置时，系统的作用面积应按湿式系统的规定值确定。

3）装设网格、栅板类通透性吊顶的场所，系统的喷水强度应按湿式系统的 1.3 倍确定。

（2）直立型、下垂型标准覆盖面积洒水喷头的布置，包括同一根配水支管上喷头的间距及相邻配水支管的间距，应根据设置场所的火灾危险等级、洒水喷头类型和工作压力确定，并不应大于表 5-20-2 的规定，且不应小于 1.8m。

（3）一个报警阀组控制的洒水喷头数应符合下列规定：

1）湿式系统、预作用系统不宜超过 800 只；干式系统不宜超过 500 只。

2）当配水支管同时设置保护吊顶下方和上方空间的洒水喷头时，应只将数量较多一侧的洒水喷头计入报警阀组控制的洒水喷头总数。

本案例中的建筑，采用仅由火灾报警系统控制预作用装置的预作用系统，一个报警阀组控制的洒水喷头不宜超过 800 只。

（4）报警阀组宜设在安全及易于操作的地点，报警阀距地面的高度宜为 1.2m。设置报警阀组的部位应设有排水设施。

（5）水力警铃的工作压力不应小于 0.05MPa，并应符合下列规定：

1）应设在有人值班的地点附近或公共通道的外墙上；

2）与报警阀连接的管道，其管径应为 20mm，总长不宜大于 20m。

（6）装设网格、栅板类通透性吊顶的场所，当通透面积占吊顶总面积的比例大于 70% 时，喷头应设置在吊顶上方，并符合下列规定：

1）通透性吊顶开口部位的净宽度不应小于 10mm，且开口部位的厚度不应大于开口的最小宽度；

2）喷头间距及溅水盘与吊顶上表面的距离应符合表 5-19-2 的规定。

本案例中，地下部分采用通透性格栅吊顶，通透面积占吊顶面积的 80%，喷头应设置在吊顶上方。

（三）喷头选用原则

（1）闭式系统的洒水喷头，其公称动作温度宜高于环境最高温度 30℃。

（2）湿式系统洒水喷头的选型应符合下列规定：

1）不做吊顶的场所，当配水支管布置在梁下时，应采用直立型洒水喷头；

2）吊顶下布置的洒水喷头，应采用下垂型洒水喷头或吊顶型洒水喷头；

3）顶板为水平面的轻危险级、中危险级Ⅰ级住宅建筑、宿舍、旅馆建筑客房、医疗建筑病房和办公室，可采用边墙型洒水喷头；

4）易受碰撞的部位，应采用带保护罩的洒水喷头或吊顶型洒水喷头；

5）顶板为水平面，且无梁、通风管道等障碍物影响喷头洒水的场所，可采用扩大覆盖面积洒水喷头；

6）住宅建筑和宿舍、公寓等非住宅类居住建筑宜采用家用喷头；

7）不宜选用隐蔽式洒水喷头；确需采用时，应仅适用于轻危险级和中危险级Ⅰ级场所。

（3）干式系统、预作用系统应采用直立型洒水喷头或干式下垂型洒水喷头。

（4）自动喷水灭火系统应有备用洒水喷头，其数量不应少于总数的 1%，且每种型号均不得少于 10 只。

（四）管网验收的要求

（1）管道的材质、管径、接头、连接方式及采取的防腐、防冻措施，应符合设计规范及设计要求。

（2）管网排水坡度及辅助排水设施，应符合相关规范的规定。

检查方法：水平尺和尺量检查。

（3）系统中的末端试水装置、试水阀、排气阀应符合设计要求。

（4）管网不同部位安装的报警阀组、闸阀、止回阀、电磁阀、信号阀、水流指示器、减压孔板、节流管、减压阀、柔性接头、排水管、排气阀、泄压阀等，均应符合设计要求。

检查数量：报警阀组、压力开关、止回阀、减压阀、泄压阀、电磁阀全数检查，合格率应为 100%；闸阀、信号阀、水流指示器、减压孔板、节流管、柔性接头、排气阀等抽查设计数量的 30%，数量均不少于 5 个，合格率应为 100%。

检查方法：对照图纸观察检查。

（5）干式系统、由火灾自动报警系统和充气管道上设置的压力开关开启预作用装置的预作用系统，其配水管道充水时间不宜大于 1min；雨淋系统和仅由水灾自动报警系统联动开启预作用装置的预作用系统，其配水管道充水时间不宜大于 2min。

检查数量：全数检查。

检查方法：通水试验，用秒表检查。

（五）系统检测要求

（1）火灾报警控制器确认火灾后，应自动启动雨淋阀、排气阀入口电动阀及消防水泵；水流指示器、压力开关应动作，距水力警铃 3m 远处的声压级不应低于 70dB。

(2) 火灾报警控制器确认火灾后 2min，末端试水装置的出水压力不应低于 0.05MPa。

(3) 消防控制设备应显示电磁阀、电动阀、水流指示器及消防水泵的反馈信号。

三、练习题

根据以上材料，回答下列问题：

1. 判断该建筑的火灾危险等级，指出地下部分的喷水强度和作用面积至少应为多少。

2. 指出报警阀组安装存在的问题，并说明理由。

3. 确定喷头设置是否符合规定，并说明理由。

4. 检测单位对项目消防设施进行全面检测中发现的问题的原因可能是什么？

5. 简述预作用系统的功能检测过程。

【参考答案】

1. 答：

(1) 该建筑地上部分和地下部分的火灾危险等级均为中危险级 Ⅱ 级。

(2) 地下部分的作用面积不应小于 $160m^2$。地下部分的喷水强度至少需 $8 \times 1.3 = 10.4L/（min \cdot m^2）$。

2. 答：

(1) 共设置 2 个报警阀组控制商场内所有喷头。报警阀设置数量不符合规定。

理由：首层至五层为商场，每层面积为 $5000m^2$，该商场是中危险级 Ⅱ 级场所，每个喷头最大保护面积为 $11.5m^2$，商场每层应至少设置 $5000 \div 11.5 = 435$（只）喷头，共 5 层，$435 \times 5 = 2175$（只）喷头，该商场地上部分总共需设置至少 2175 只喷头，预作用系统一个报警阀组控制的洒水喷头不宜超过 800 只，$2175 \div 800 = 3$（个），商场地上部分至少需要 3 个报警阀组，因而需增设 1 个报警阀组。

(2) 设在消防水泵房内的预作用报警装置距地面高度为 1.1m，不符合要求。

理由：报警阀组宜设在安全及易于操作的地点，报警阀距地面的高度宜为 1.2m。

(3) 水力警铃设置在无人值班的管理室，并通过管径 30mm、长度 25m 的管道与报警阀连接，不符合要求。

理由：水力警铃应设在有人值班的地点附近或公共通道的外墙上；水力警铃与报警阀连接的管道，其管径应为 20mm，总长不宜大于 20m。

3. 答：地上商场和地下超市采用型号为 ZSTZ15-57（℃）的标准覆盖洒水喷头。地上部分喷头选型和公称动作温度均不符合规定。

理由：

(1) 地上商场部分

1) 该场所使用预作用系统，预作用系统应采用直立型洒水喷头或干式下垂型洒水喷头。地上部分设有吊顶，不适用直立型洒水喷头。因此，地上部分需选择干式下垂型洒水喷头。

2) 地上部分应选择公称动作温度为 68℃ 的红色闭式洒水喷头，公称动作温度宜高于环境最高温度 30℃。

（2）地下超市部分

地下超市采用通透型格栅吊顶，通透面积占吊顶面积的80%，喷头布置在吊顶下方，不符合规定。

理由：设置通透型格栅吊顶，通透面积占吊顶面积大于70%时，喷头布置在吊顶上方。

（3）地下采用型号为ZSTZ15-57（℃）的标准覆盖洒水喷头，该喷头的公称动作温度不符合规定。

理由：闭式系统的洒水喷头，其公称动作温度宜高于环境最高温度30℃。

（4）商场区域设置的喷头采用标准覆盖的洒水喷头，间距为1.6m，不符合规定。

理由：采用直立型、下垂型标准覆盖面积喷头的布置间距不应小于1.8m。

4.答：预作用装置动作后，检测人员开启末端试水装置，6min后水力警铃报警，响铃等待时间过长，不符合规定。

可能原因：

（1）系统侧管网过长，使排气速度较慢。

（2）快速排气阀功能失效，无法快速排气。

（3）快速排气阀前的电动阀未启动。

（4）空气压缩机充气管路上的压力开关损坏，无法控制空气压缩机及时停止给系统管网侧加压补气。

5.答：模拟火灾探测报警，火灾报警控制器确认火灾后，自动启动预作用装置（雨淋报警阀）、排气阀入口电动阀、消防水泵、水流指示器、压力开关、流量开关动作。报警阀组动作后，测试水力警铃声强，不得低于70dB。

开启末端试水装置，火灾报警控制器确认火灾2min后，其出水压力不低于0.05MPa。

消防控制设备准确显示电磁阀、电动阀、水流指示器、压力开关、流量开关及消防水泵动作信号，反馈信号准确。

第六篇　消防安全管理案例分析

学习要求

通过本篇的学习，了解国家消防法律法规和有关消防工作的方针政策；熟悉国家工程建设消防技术标准规范；能够根据消防法律法规和有关规定，掌握消防安全管理的原则、目标及内容和要求；掌握单位依法履行消防安全职责的情况，分析单位消防安全管理存在的薄弱环节，判断单位消防安全管理制度的完整性和适用性，解决单位存在的消防安全管理问题；掌握消防宣传与教育培训的主要内容，制订消防宣传教育培训方案，评估消防宣传教育培训效果；掌握应急预案制订的方法、程序与内容，辨识和分析单位消防应急预案的完整性和适用性，制订单位消防应急预案和演练方案，评估预案的演练效果；掌握施工现场消防管理内容与要求，辨识和分析施工现场消防安全隐患，解决施工现场消防安全管理的技术问题；辨识和分析大型群众性活动的主要特点及火灾风险因素，制订消防安全方案，解决消防安全技术问题。

在本篇案例中，情景描述有些是正确的，有些是存在错误或不符合消防法律法规和技术标准要求的。希望考生在学习过程中能运用消防知识加以辨识，正确分析解决问题。

案例二十三　高层大型商业综合体消防安全管理案例分析

一、情景描述

某市一大型商业综合体建筑主要功能为商场和娱乐场所，建筑高度为 55m，商场部分建筑面积为 48000m²，主要经营高档服装等；娱乐部分主要经营范围为歌舞厅、电子游戏厅、录像厅等，总建筑面积为 5000m²。该建筑产权单位为乙公司，乙公司将该建筑出租给甲公司来经营使用。甲公司消防安全责任人为总经理林某，乙公司消防安全责任人为孟某，该商业综合体消防安全管理人为副总经理张某（已经依法向当地消防救援机构报告备案）。甲、乙双方委托管理单位丙公司提供消防安全管理服务，并在委托合同中约定具体服务内容。2019 年 8 月 15 日，消防救援机构在对该场所进行消防检查时发现如下问题：部分 KTV 包间外窗上设置了防盗窗且均已经焊死。

检查人员在随后的检查中还发现了如下情况：
（1）部分安全出口的门被上锁。
（2）两个常闭式防火门被人用绳子拉开，成为常开状态。
（3）防火卷帘下堆放空啤酒瓶。
（4）防火巡查人员不在岗。

（5）该场所未设置自动喷水灭火系统和自动报警系统。

检查人员对该单位的消防档案进行检查，其中与消防安全管理情况有关的资料包括：消防救援机构填发的各种法律文书；消防设施定期检查记录、自动消防设施全面检查测试的报告及维修保养的记录；有关燃气、电气设备检测（包括防雷、防静电）等记录资料；火灾情况记录；消防奖惩情况记录。

该单位制订了灭火和应急疏散预案，并定期组织演练，同时做好相应的演练记录。查询演练记录，显示演练记录内容包含演练的时间、地点。

检查人员询问张某：单位对该商业综合体建筑内从业员工进行消防安全培训的内容有哪些？张某回答：消防法规、消防安全制度和保障消防安全的操作规程；本单位、本岗位的火灾危险性。检查组发现该单位的培训记录包含培训的时间、参加人员、内容。

在消防控制室内，监督检查人员发现值班人员持有消防控制室操作职业资格证书，并接受过专门的消防安全培训，检查人员查询了以下资料：建筑消防设施检测记录表、建筑消防设施故障维修记录表、建筑消防设施维护保养计划表、消防控制室值班记录表、建筑消防设施巡查记录表。

二、关键知识点及依据

（一）《大型商业综合体消防安全管理规则（试行）》

1. 消防安全责任

（1）大型商业综合体的产权单位、使用单位是大型商业综合体消防安全责任主体，对大型商业综合体的消防安全工作负责。大型商业综合体的产权单位、使用单位可以委托物业服务企业等单位（以下简称"委托管理单位"）提供消防安全管理服务，并应当在委托合同中约定具体服务内容。

（2）大型商业综合体以承包、租赁或者委托经营等形式交由承包人、承租人、经营管理人使用的，当事人在订立承包、租赁、委托管理等合同时，应当明确各方消防安全责任。

实行承包、租赁或委托经营管理时，产权单位应当提供符合消防安全要求的建筑物，并督促使用单位加强消防安全管理。承包人、承租人或者受委托经营管理者，在其使用、经营和管理范围内应当履行消防安全职责。

（3）大型商业综合体的产权单位、使用单位应当明确消防安全责任人、消防安全管理人，设立消防安全工作归口管理部门，建立健全消防安全管理制度，逐级细化明确消防安全管理职责和岗位职责。

（4）消防安全责任人应当掌握本单位的消防安全情况，全面负责本单位的消防安全工作，并履行下列消防安全职责：

1）制订和批准本单位的消防安全管理制度、消防安全操作规程、灭火和应急疏散预案，进行消防工作检查考核，保证各项规章制度落实；

2）统筹安排本单位经营、维修、改建、扩建等活动中的消防安全管理工作，批准年度消防工作计划；

3）为消防安全管理提供必要的经费和组织保障；

4）建立消防安全工作例会制度，定期召开消防安全工作例会，研究本单位消防工作，处理涉及消防经费投入、消防设施和器材购置、火灾隐患整改等重大问题，研究、部署、落实本单位消防安全工作计划和措施；

  5）定期组织防火检查，督促整改火灾隐患；

  6）依法建立专职消防队或志愿消防队，并配备相应的消防设施和器材；

  7）组织制订灭火和应急疏散预案，并定期组织实施演练。

（5）消防安全管理人对消防安全责任人负责，应当具备与其职责相适应的消防安全知识和管理能力，取得注册消防工程师执业资格或者工程类中级以上专业技术职称，并应当履行下列消防安全职责：

  1）拟订年度消防安全工作计划，组织实施日常消防安全管理工作；

  2）组织制订消防安全管理制度和消防安全操作规程，并检查督促落实；

  3）拟订消防安全工作的资金投入和组织保障方案；

  4）建立消防档案，确定本单位的消防安全重点部位，设置消防安全标识；

  5）组织实施防火巡查、检查和火灾隐患排查整改工作；

  6）组织实施对本单位消防设施和器材、消防安全标识的维护保养，确保其完好有效和处于正常运行状态，确保疏散通道、安全出口、消防车道畅通；

  7）组织本单位员工开展消防知识、技能的教育和培训，拟订灭火和应急疏散预案，组织灭火和应急疏散预案的实施和演练；

  8）管理专职消防队或志愿消防队，组织开展日常业务训练和初起火灾扑救；

  9）定期向消防安全责任人报告消防安全状况，及时报告涉及消防安全的重大问题；

  10）完成消防安全责任人委托的其他消防安全管理工作。

根据案例背景，林某为消防安全责任人，应担负（4）中的 7 条消防安全职责；张某为该大型商业综合体消防安全管理人，应该担负（5）中的 10 条消防安全职责。

根据案例背景可知：该大型商业综合体，产权单位为乙公司，使用单位为甲公司。甲、乙公司委托丙公司提供消防安全管理服务，并在委托合同中约定具体服务内容。乙公司将该建筑出租给甲公司使用，乙公司应当提供符合消防安全要求的建筑物，并督促甲公司加强消防安全管理。甲、乙、丙三方在其使用、经营和管理范围内应当履行消防安全职责。

根据案例背景可知：甲、乙公司分别确定消防安全责任人为林某、孟某，消防安全管理人为张某，该商业综合体应设立消防安全工作归口管理部门，建立健全消防安全管理制度，逐级细化明确消防安全管理职责和岗位职责。

  2. 防火巡查检查和火灾隐患整改

（1）大型商业综合体应当建立防火巡查、防火检查制度，确定巡查和检查的人员、部位、内容和频次。

（2）大型商业综合体的产权单位、使用单位和委托管理单位应当定期组织开展消防联合检查，每月应至少进行一次建筑消防设施单项检查，每半年应至少进行一次建筑消防设施联动检查。

（3）大型商业综合体应当明确建筑消防设施和器材巡查部位和内容，每日进行防火巡查，其中旅馆、商店、餐饮店、公共娱乐场所、儿童活动场所等公众聚集场所在营业时间应至少每 2h 巡查一次，并结合实际组织夜间防火巡查。防火巡查应当采用电子巡更设备。

（4）防火巡查和检查应当如实填写巡查和检查记录，及时纠正消防违法违章行为，对不能当场整改的火灾隐患应当逐级报告，整改后应当进行复查，巡查检查人员、复查人员及其主管人员应当在记录上签名。

（5）消防安全管理人或消防安全工作归口管理部门负责人应当组织对报告的火灾隐患进行认定，并对整改完毕的火灾隐患进行确认。在火灾隐患整改期间，应当采取保障消防安全的措施。

根据案例背景可知：该建筑为大型商业综合体，应当建立防火巡查、防火检查制度，确定巡查和检查的人员、部位、内容和频次；应当定期组织开展消防联合检查，每月应至少进行一次建筑消防设施单项检查，每半年应至少进行一次建筑消防设施联动检查；应当明确建筑消防设施和器材巡查部位和内容，每日进行防火巡查，其中旅馆、商店、餐饮店、公共娱乐场所、儿童活动场所等公众聚集场所在营业时间应至少每 2h 巡查一次，并结合实际组织夜间防火巡查，防火巡查应当采用电子巡更设备；应当如实填写巡查和检查记录，及时纠正消防违法违章行为，对不能当场整改的火灾隐患应当逐级报告，整改后应当进行复查，巡查检查人员、复查人员及其主管人员应当在记录上签名；应当组织对报告的火灾隐患进行认定，并对整改完毕的火灾隐患进行确认，在火灾隐患整改期间，应当采取保障消防安全的措施。

3. 消防安全宣传教育和培训

（1）大型商业综合体产权单位、使用单位和委托管理单位的消防安全责任人、消防安全管理人及消防安全工作归口管理部门的负责人应当至少每半年接受一次消防安全教育培训，培训内容应当至少包括建筑整体情况、单位人员组织架构、灭火和应急疏散指挥架构、单位消防安全管理制度、灭火和应急疏散预案等。

（2）从业员工应当进行上岗前消防培训，在职期间应当至少每半年接受一次消防培训。从业员工的消防培训应当至少包括下列内容：

1）本岗位的火灾危险性和防火措施；

2）有关消防法规、消防安全管理制度、消防安全操作规程等；

3）建筑消防设施和器材的性能、使用方法和操作规程；

4）报火警、扑救初起火灾、应急疏散和自救逃生的知识、技能；

5）本场所的安全疏散路线，引导人员疏散的程序和方法等；

6）灭火和应急疏散预案的内容、操作程序。

根据案例背景，该单位从业员工消防安全培训的内容还应包括：建筑消防设施和器材的性能、使用方法和操作规程；报火警、扑救初起火灾、应急疏散和自救逃生的知识、技能。

4. 灭火和应急疏散预案编制和演练

灭火和应急疏散预案应当至少包括下列内容：

1）单位或建筑的基本情况、重点部位及火灾危险分析；

2）明确火灾现场通信联络、灭火、疏散、救护、保卫等任务的负责人；

3）火警处置程序；

4）应急疏散的组织程序和措施；

5）扑救初起火灾的程序和措施；

6）通信联络、安全防护和人员救护的组织与调度程序和保障措施；

7）灭火应急救援的准备。

该大型商业综合体灭火和应急疏散预案的内容应符合上述 7 条。

5. 消防档案管理

（1）消防安全基本情况应当至少包括下列内容：

1）建筑的基本概况和消防安全重点部位；

2）建筑消防设计审查、消防验收和特殊消防设计文件及采用的相关技术措施等材料；

3）场所使用或者开业前消防安全检查的相关资料；

4）消防组织和各级消防安全责任人；

5）相关消防安全责任书和租赁合同；

6）消防安全管理制度和消防安全操作规程；

7）消防设施和器材配置情况；

8）专职消防队、志愿消防队（微型消防站）等自防自救力量及其消防装备配备情况；

9）消防安全管理人、消防设施维护管理人员、电气焊工、电工、消防控制室值班人员、易燃易爆化学物品操作人员的基本情况；

10）新增消防产品、防火材料的合格证明材料；

11）灭火和应急疏散预案。

（2）消防安全管理情况应当至少包括下列内容：

1）消防安全例会记录或决定；

2）住房和城乡建设主管部门、消防救援机构填发的各种法律文书及各类文件、通知等要求；

3）消防设施定期检查记录、自动消防设施全面检查测试的报告、维修保养的记录及委托检测和维修保养的合同；

4）火灾隐患、重大火灾隐患及其整改情况记录；

5）消防控制室值班记录；

6）防火检查、巡查记录；

7）有关燃气、电气设备检测等记录资料；

8）消防安全培训记录；

9）灭火和应急疏散预案的演练记录；

10）火灾情况记录；

11）消防奖惩情况记录。

根据案例背景，该单位消防档案中与消防安全管理情况有关的资料还应包括：防火检查、巡查记录；火灾隐患、重大火灾隐患及其整改情况记录。

（二）《机关、团体、企业、事业单位消防安全管理规定》（公安部令第 61 号）

消防安全管理情况应当包括以下内容：

（1）公安消防机构填发的各种法律文书；

（2）消防设施定期检查记录、自动消防设施全面检查测试的报告及维修保养记录；

（3）火灾隐患及其整改情况记录；

（4）防火检查、巡查记录；

（5）有关燃气、电气设备检测（包括防雷、防静电）等记录资料；

（6）消防安全培训记录；

（7）灭火和应急疏散预案的演练记录；

（8）火灾情况记录；

（9）消防奖惩情况记录。

第（7）项记录，应当记明演练的时间、地点、内容、参加部门及人员等。

本案例中该商业综合体灭火和应急疏散预案演练记录的内容还应包括：参加部门、参加演练的人员、演练的内容。

（三）《中华人民共和国消防法》

单位违反《中华人民共和国消防法》规定，有下列行为之一的，责令改正，处五千元以上五万元以下罚款：

（1）消防设施、器材或者消防安全标志的配置、设置不符合国家标准、行业标准，或者未保持完好有效的；

（2）损坏、挪用或者擅自拆除、停用消防设施、器材的；

（3）占用、堵塞、封闭疏散通道、安全出口或者有其他妨碍安全疏散行为的；

（4）埋压、圈占、遮挡消火栓或者占用防火间距的；

（5）占用、堵塞、封闭消防车通道，妨碍消防车通行的；

（6）人员密集场所在门窗上设置影响逃生和灭火救援的障碍物的；

（7）对火灾隐患经消防救援机构通知后不及时采取措施消除的。

个人有（2）、（3）、（4）、（5）行为之一的，处警告或者五百元以下罚款。有（3）、（4）、（5）、（6）行为，经责令改正拒不改正的，强制执行，所需费用由违法行为人承担。

本案例中该商业综合体部分 KTV 包间外窗上设置了防盗窗且均已经焊死。根据《中华人民共和国消防法》，应责令改正，处五千元以上五万元以下罚款。

（四）《建筑消防设施的维护管理》（GB 25201—2010）

（1）建筑消防设施的原始技术资料应长期保存。

（2）消防控制室值班记录表和建筑消防设施巡查记录表的存档时间不应少于一年。

（3）建筑消防设施检测记录表、建筑消防设施故障维修记录表、建筑消防设施维护保养计划表、建筑消防设施维护保养记录表的存档时间不应少于五年。

根据案例背景，该建筑建筑消防设施检测记录表、建筑消防设施故障维修记录表、建筑消防设施维护保养计划表、建筑消防设施维护保养记录表的存档时间不应少于五年。

三、练习题

多项选择题（每题 2 分，每题的备选项中有 2 个或 2 个以上符合题意，至少有 1 个

错项。错选，本题不得分；少选，所选的每个选项得 0.5 分）

1. 根据《大型商业综合体消防安全管理规则（试行)》，下列属于林某的消防安全职责的是（　　）。

　　A. 制定和批准本单位的消防安全管理制度、消防安全操作规程、灭火和应急疏散预案，进行消防工作检查考核，保证各项规章制度落实

　　B. 建立消防安全工作例会制度，定期召开消防安全工作例会，研究本单位消防工作，处理涉及消防经费投入、消防设施和器材购置、火灾隐患整改等重大问题，研究、部署、落实本单位消防安全工作计划和措施

　　C. 拟订年度消防安全工作计划，组织实施日常消防安全管理工作

　　D. 组织实施防火巡查、检查和火灾隐患排查整改工作

　　E. 组织实施对本单位消防设施和器材、消防安全标志的维护保养，确保其完好有效和处于正常运行状态，确保疏散通道、安全出口、消防车道畅通

2. 根据《中华人民共和国消防法》的相关规定，下列选项中的处罚力度与 KTV 包间外窗上设置了防盗窗且均已经焊死的处罚力度相同的是（　　）。

　　A. 擅自拆除、停用消防设施、器材的

　　B. 占用、堵塞、封闭消防车通道，妨碍消防车通行的

　　C. 消防设施、器材设置不符合国家标准的

　　D. 违反规定使用明火作业或者在具有火灾、爆炸危险的场所吸烟、使用明火的

　　E. 公众聚集场所未经消防安全检查或者经检查不符合消防安全要求，擅自投入使用、营业的

3. 根据《大型商业综合体消防安全管理规则（试行)》，该单位消防档案中关于消防安全管理情况还应包括（　　）。

　　A. 防火检查、巡查记录

　　B. 消防管理组织机构和各级消防安全责任人

　　C. 消防设施、灭火器材情况

　　D. 灭火和应急疏散预案

　　E. 火灾隐患及其整改情况记录

4. 根据《大型商业综合体消防安全管理规则（试行)》，下列选项属于该单位灭火和应急疏散预案的内容的是（　　）。

　　A. 专职消防队、义务消防队人员及其消防装备配备情况

　　B. 消防安全制度

　　C. 通信联络、安全防护和人员救护的组织与调度程序和保障措施

　　D. 应急疏散的组织程序和措施

　　E. 火警处置程序

5. 根据《机关、团体、企业、事业单位消防安全管理规定》（公安部令第 61 号)，该单位灭火和应急疏散预案演练记录的内容还应包括（　　）。

　　A. 演练的评估与总结

　　B. 参加部门

　　C. 参加演练的人员

D. 相关灭火器材的使用情况

E. 演练的内容

6. 根据《大型商业综合体消防安全管理规则（试行）》，该单位从业员工消防安全培训的内容还应包括（ ）。

A. 发现隐患、排除隐患的能力

B. 有关消防设施的性能、灭火器材的使用方法

C. 相关的消防技术规范

D. 报火警、扑救初起火灾的知识和技能

E. 抢救受伤人员的技能

7. 根据《建筑消防设施的维护管理》的相关规定，下列各项保存期限为五年的是（ ）。

A. 建筑消防设施检测记录表

B. 消防控制室值班记录表

C. 建筑消防设施维护保养计划表

D. 建筑消防设施故障维修记录表

E. 建筑消防设施巡查记录表

8. 根据《大型商业综合体消防安全管理规则（试行）》，下列关于该商业综合体各单位责任划分关系的描述中正确的是（ ）。

A. 该建筑的使用单位甲公司应当提供符合消防安全要求的建筑物

B. 甲、乙双方在订立承包、租赁、委托管理等合同时，应当明确各方消防安全责任

C. 承包人、承租人或者受委托经营管理者，在其使用、经营和管理范围内应当履行消防安全职责

D. 该大型商业综合体的产权单位、使用单位可以委托物业服务企业等单位提供消防安全管理服务，并应当在委托合同中约定具体服务内容

E. 大型商业综合体的产权单位、使用单位应当明确消防安全责任人、消防安全管理人，设立消防安全工作归口管理部门，建立健全消防安全管理制度，逐级细化明确消防安全管理职责和岗位职责

9. 根据《大型商业综合体消防安全管理规则（试行）》，下列关于该单位防火巡查检查和火灾隐患整改的说法正确的是（ ）。

A. 该大型商业综合体应当建立防火巡查、防火检查制度，确定巡查和检查的人员、部位、内容和频次

B. 该大型商业综合体的产权单位、使用单位和委托管理单位应当定期组织开展消防联合检查，每月应至少进行一次建筑消防设施单项检查，每半年应至少进行一次建筑消防设施联动检查

C. 该大型商业综合体应当明确建筑消防设施和器材巡查部位和内容，每日进行防火巡查，其中公共娱乐场所等公众聚集场所在营业时间应至少每4h巡查一次，并结合实际组织夜间防火巡查，防火巡查应当采用电子巡更设备

D. 防火巡查和检查应当如实填写巡查和检查记录，及时纠正消防违法违章行为，

对不能当场整改的火灾隐患应当逐级报告，整改后应当进行复查，巡查检查人员、复查人员及其主管人员应当在记录上签名

E. 消防安全管理人或消防安全工作归口管理部门负责人应当组织对报告的火灾隐患进行认定，并对整改完毕的火灾隐患进行确认。在火灾隐患整改期间，应当采取保障消防安全的措施

【参考答案】

1. AB　　　2. ABC　　　3. AE　　　4. CDE　　　5. BCE

6. BD　　　7. ACD　　　8. BCDE　　9. ABDE

案例二十四　超高层大型商业综合体消防安全管理案例分析

一、情景描述

某高层商业综合体，建筑高度为 120m，总层数为 30 层，标准层建筑面积为 2000m²。建筑主体主要功能为办公和酒店，裙房主要功能为商场、娱乐、饮食。业主（综合体产权单位，法定代表人陈某）委托一家具有相应资质的资产运营管理公司（法定代表人夏某）统一管理。在承包管理合同中约定夏某为消防安全责任人，其下属季某为消防安全管理人。

某日，消防救援机构工作人员赵某、顾某对该商业综合体进行检查时发现：

（1）主体大楼内二层、十一层走道及裙房首层商铺大部分感烟探测器故障灯亮起；

（2）消防电梯故障停运，并未办理相关审批手续，也无应急方案和防范措施；

（3）二十二层酒店公共区域灭火器数量不足；

（4）大部分灭火器箱子上锁；

（5）裙房的一个安全出口为防火卷帘门；

（6）公寓疏散走道持续型应急灯具熄灭；

（7）手动开启十五层楼梯间前室的常闭加压送风口，相应的风机未正常启动；

（8）消防水泵在接收到信号后 10min 开始启动，并伴随剧烈振动；

（9）防火卷帘下方堆放装修垃圾。

消防救援机构工作人员随即下发法律文书责令其限期改正，并依法实施了行政处罚。

整改限期到达后，消防救援机构工作人员复查，发现除（3）、（6）已改正外，其余问题依然存在。赵某、顾某根据上述情况又下发相关法律文书给管理公司，进入后续执法程序。

某天营业期间，裙房首层某商铺进行升级改造装修。工人王某到达商铺现场发现装修材料丢放无序，乱接电线且线头裸露。于是王某给商铺老板徐某打电话反映情况，请求马上整顿。徐某以赶工期开业为由，要求王某马上开工，王某无奈遂开工。由于电线串线，线头裸露部分产生电弧引燃附近油漆桶，导致火灾并迅速扩大，王某惊慌失措并逃离现场。消防控制室接到报警信息时，火势已扩大，值班人员金某、周某听到报警声

慌乱无措，马上打电话给物业经理兰某。路过群众发现商铺冒烟，立即拨打"119"电话报警。当地消防出警后将火扑灭。该起火灾造成3人死亡、10人重伤，直接经济损失约650万元人民币。根据事后调查，发现消防水泵未启动，现场感烟探测器未发出报警信息。

二、关键知识点及依据

(一)《大型商业综合体消防安全管理规则（试行）》

（1）消防安全责任人应当掌握本单位的消防安全情况，全面负责本单位的消防安全工作，并履行下列消防安全职责：

1）制定和批准本单位的消防安全管理制度、消防安全操作规程、灭火和应急疏散预案，进行消防工作检查考核，保证各项规章制度落实；

2）统筹安排本单位经营、维修、改建、扩建等活动中的消防安全管理工作，批准年度消防工作计划；

3）为消防安全管理提供必要的经费和组织保障；

4）建立消防安全工作例会制度，定期召开消防安全工作例会，研究本单位消防工作，处理涉及消防经费投入、消防设施和器材购置、火灾隐患整改等重大问题，研究、部署、落实本单位消防安全工作计划和措施；

5）定期组织防火检查，督促整改火灾隐患；

6）依法建立专职消防队或志愿消防队，并配备相应的消防设施和器材；

7）组织制定灭火和应急疏散预案，并定期组织实施演练。

根据题干背景，夏某为消防安全责任人，应负有上述消防安全职责。

（2）消防安全管理人对消防安全责任人负责，应当具备与其职责相适应的消防安全知识和管理能力，取得注册消防工程师执业资格或者工程类中级以上专业技术职称，并应当履行下列消防安全职责：

1）拟订年度消防安全工作计划，组织实施日常消防安全管理工作；

2）组织制定消防安全管理制度和消防安全操作规程，并检查督促落实；

3）拟订消防安全工作的资金投入和组织保障方案；

4）建立消防档案，确定本单位的消防安全重点部位，设置消防安全标识；

5）组织实施防火巡查、检查和火灾隐患排查整改工作；

6）组织实施对本单位消防设施和器材、消防安全标识的维护保养，确保其完好有效和处于正常运行状态，确保疏散通道、安全出口、消防车道畅通；

7）组织本单位员工开展消防知识、技能的教育和培训，拟订灭火和应急疏散预案，组织灭火和应急疏散预案的实施和演练；

8）管理专职消防队或志愿消防队，组织开展日常业务训练和初起火灾扑救；

9）定期向消防安全责任人报告消防安全状况，及时报告涉及消防安全的重大问题；

10）完成消防安全责任人委托的其他消防安全管理工作。

根据题干背景，季某为消防安全管理人，应负有上述消防安全职责。

（3）大型商业综合体内的经营、服务人员应当履行下列消防安全职责：

1）确保自身的经营活动不更改或占用经营场所的平面布置、疏散通道和疏散路线，不妨碍疏散设施及其他消防设施的使用；

2）主动接受消防安全宣传教育培训，遵守消防安全管理制度和操作规程；熟悉本工作场所消防设施、器材及安全出口的位置，参加单位灭火和应急疏散预案演练；

3）清楚本单位火灾危险性，会报火警、扑救初起火灾、组织疏散逃生和自救；

4）每日到岗后及下班前应当检查本岗位工作设施、设备、场地、电源插座、电气设备的使用状态等，发现隐患及时排除并向消防安全工作归口管理部门报告；

5）监督顾客遵守消防安全管理制度，制止吸烟、使用大功率电器等不利于消防安全的行为。

根据题干背景，商铺老板徐某为大型商业综合体的经营服务人员，其应该履行上述消防安全职责。

（4）大型商业综合体内消防应急照明和疏散指示标志的管理应当符合下列要求：

1）消防应急照明灯具、疏散指示标志应当保持完好、有效，各类场所疏散照明照度应当符合消防技术标准要求；

2）营业厅、展览厅等面积较大场所内的疏散指示标志，应当保证其指向最近的疏散出口，并使人员在走道上任何位置均能看见、了解所处楼层；

3）疏散楼梯通至屋面时，应当在每层楼梯间内设有"可通至屋面"的明显标志，宜在屋面设置辅助疏散设施；

4）建筑内应当采用灯光疏散指示标志，不得采用蓄光型指示标志替代灯光疏散指示标志，不得采用可变换方向的疏散指示标志。

根据题干背景，大型商业综合体内消防应急照明和疏散指示标志的管理应符合上述要求。

（5）大型商业综合体内严禁生产、经营、储存和展示甲、乙类易燃易爆危险物品，严禁携带甲、乙类易燃易爆危险物品进入建筑内。

（6）大型商业综合体内部使用的宣传条幅、广告牌等临时性装饰材料应采用不燃或难燃材料制作。

（7）设有建筑外墙外保温系统的大型商业综合体，应当在主入口及周边相关醒目位置设置提示性和警示性标识，标示外墙保温材料的燃烧性能、防火要求。对大型商业综合体建筑外墙外保温系统破损、开裂和脱落的，应当及时修复。大型商业综合体建筑在进行外保温系统施工时，应当采取禁止或者限制使用该建筑的有效措施。禁止使用易燃、可燃材料作为大型商业综合体建筑外墙保温材料；禁止在其建筑内及周边禁放区域燃放烟花爆竹；禁止在其外墙周围堆放可燃物。对于使用难燃外墙保温材料且采用与基层墙体、装饰层之间有空腔的建筑外墙外保温系统的大型商业综合体建筑，禁止在其外墙动火用电。

（8）电动自行车集中存放、充电场所应当优先独立设置在室外，与其他建筑、安全出口保持足够的安全距离，确需设置在室内时，应当满足防火分隔、安全疏散等消防安全要求，并应加强巡查巡防或采取安排专人值守、加装自动断电、视频监控等措施。

根据《大型商业综合体消防安全管理规则》，日常消防安全管理应符合（5）、（6）、（7）、（8）的规定。

（9）大型商业综合体消防控制室值班人员应当实行每日 24 小时不间断值班制度，

每班不应少于 2 人。消防控制室值班人员值班期间，对接收到的火灾报警信号应当立即以最快方式确认，如果确认发生火灾，应当立即检查消防联动控制设备是否处于自动控制状态，同时拨打"119"火警电话报警，启动灭火和应急疏散预案。消防控制室值班人员值班期间，应当随时检查消防控制室设施设备运行情况，做好消防控制室火警、故障和值班记录，对不能及时排除的故障应当及时向消防安全工作归口管理部门报告。

（10）消防控制室值班人员应当持有相应的消防职业资格证书，熟练掌握以下知识和技能：

1）建筑基本情况（包括建筑类别、建筑层数、建筑面积、建筑平面布局和功能分布、建筑内单位数量）；

2）消防设施设置情况（包括设施种类、分布位置、消防水泵房和柴油发电机房等重要功能用房设置位置、室外消火栓和水泵接合器安装位置等）；

3）消防控制室设施设备操作规程（包括火灾报警控制器、消防联动控制器、消防应急广播、可燃气体报警控制器、消防电话等设施设备的操作规程）；

4）火警、故障应急处置程序和要求；

5）消防控制室值班记录表填写要求。

（11）消防控制室与商户之间应当建立双向的信息联络沟通机制，确保紧急情况下信息畅通、及时响应。设有多个消防控制室的商业综合体，各消防控制室之间应当建立可靠、快捷的信息传达联络机制。

根据《大型商业综合体消防安全管理规则》，消防控制室管理应符合（9）、（10）、（11）的规定。

（12）大型商业综合体内装修施工现场的消防安全管理应当由施工单位负责，建设单位应当履行监督责任。

（13）大型商业综合体的内部装修施工不得擅自改变防火分隔和消防设施，不得降低建筑装修材料的燃烧性能等级，不得改变疏散门的开启方向，不得减少疏散出口的数量和宽度。

（14）施工单位进行施工前，应当依法取得相关施工许可，预先向大型商业综合体消防安全管理人办理相关审批施工手续，并落实下列消防安全措施：

1）建立施工现场用火、用电、用气等消防安全管理制度和操作规程。

2）明确施工现场消防安全责任人，落实相关人员的消防安全管理责任。

3）施工人员应当接受岗前消防安全教育培训，制订灭火应急疏散演练预案并开展演练。

4）在施工现场的重点防火部位或区域，应当设置消防安全警示标志，配备消防器材并在醒目位置标明配置情况，施工部位与其他部位之间应当采取防火分隔措施，保证施工部位消防设施完好有效；施工过程中应当及时清理施工垃圾，消除各类火灾隐患。

5）局部施工部位确需暂停或者屏蔽使用局部消防设施的，不得影响整体消防设施的使用，同时采取人员监护或视频监控等防护措施加强防范，消防控制室或安防监控室内应当能够显示视频监控画面。

根据《大型商业综合体消防安全管理规则（试行）》，装修施工管理应符合（12）、

(13)、(14) 的规定。

(二)《机关、团体、企业、事业单位消防安全管理规定》(公安部令第 61 号)

对下列违反消防安全规定的行为,单位应当责成有关人员当场改正并督促落实:

(1) 违章进入生产、储存易燃易爆危险物品场所的;

(2) 违章使用明火作业或者在具有火灾、爆炸危险的场所吸烟、使用明火等违反禁令的;

(3) 将安全出口上锁、遮挡,或者占用、堆放物品影响疏散通道畅通的;

(4) 消火栓、灭火器材被遮挡影响使用或者被挪作他用的;

(5) 常闭式防火门处于开启状态,防火卷帘下堆放物品影响使用的;

(6) 消防设施管理、值班人员和防火巡查人员脱岗的;

(7) 违章关闭消防设施、切断消防电源的;

(8) 其他可以当场改正的行为。

违反前款规定的情况及改正情况应当有记录并存档备查。

根据题干背景,大部分灭火器箱子上锁,防火卷帘下方堆放装修垃圾,应当场改正。

(三)《中华人民共和国刑法》

(1) 第一百三十四条第二款规定,强令他人违章冒险作业,因而发生重大伤亡事故或者造成其他严重后果的,处五年以下有期徒刑或者拘役;情节特别恶劣的,处五年以上有期徒刑。

强令他人违章冒险作业,涉嫌下列情形之一的,应予以立案追诉:

1) 造成死亡 1 人以上,或者重伤 3 人以上的。

2) 造成直接经济损失 100 万元以上的。

(2) 第一百三十九条规定,违反消防管理法规,经消防监督机构通知采取改正措施而拒绝执行,造成严重后果的,对直接责任人员,处三年以下有期徒刑或者拘役;后果特别严重的,处三年以上七年以下有期徒刑。

违反消防管理法规,经消防监督机构通知采取改正措施而拒绝执行,涉嫌下列情形之一的,应予以立案追诉:

1) 导致死亡 1 人以上,或者重伤 3 人以上的。

2) 造成直接经济损失 100 万元以上的。

根据题干背景,商铺老板徐某犯有强令违章作业冒险罪,处三年有期徒刑;资产管理公司单位负责人夏某犯有消防责任事故罪,处三年有期徒刑。

三、练习题

多项选择题(每题 2 分,每题的备选项中有 2 个或 2 个以上符合题意,至少有 1 个错项。错选,本题不得分;少选,所选的每个选项得 0.5 分)

1. 根据《大型商业综合体消防安全管理规则(试行)》,关于装修施工管理的说法错误的是 (　　)。

A. 业主应当接受岗前消防安全教育培训,制订灭火应急疏散演练预案并开展演练

B. 内部装修施工不得擅自改变防火分隔和消防设施

C. 施工过程中应当及时清理施工垃圾，消除各类火灾隐患

D. 施工单位进行施工前，应当依法取得相关施工许可，预先向当地所在消防安全主管部门办理相关审批施工手续

E. 大型商业综合体内装修施工现场的消防安全管理应当由建设单位负责，施工单位应当履行监督责任

2. 根据《大型商业综合体消防安全管理规则（试行）》，关于消防控制室管理的说法错误的是（ ）。

A. 实行每日24小时不间断值班制度，每班不应少于2人

B. 值班人员应熟练掌握建筑类别、建筑面积等基本情况

C. 火灾探测器报警后立即向消防主管人员报告

D. 值班人员应熟练掌握火警、故障应急处置程序和要求等技能

E. 消防控制室与商户之间应当建立单向动态的信息联络沟通机制，确保紧急情况下信息畅通、及时响应

3. 根据《大型商业综合体消防安全管理规则（试行）》，夏某应履行的消防安全职责有（ ）。

A. 组织制订消防安全制度和保障消防安全的操作规程

B. 研究、部署、落实本单位消防安全工作计划和措施

C. 组织制定符合本单位实际的灭火和应急疏散预案，并实施演练

D. 建立消防档案，确定本单位的消防安全重点部位，设置消防安全标识

E. 定期组织防火检查，督促整改火灾隐患

4. 该商业综合体内商铺老板徐某应该履行的消防安全责任是（ ）。

A. 监督顾客遵守消防安全管理制度

B. 定期向消防安全责任人报告本单位消防安全状况

C. 确保自身的经营活动不更改或占用经营场所的平面布置、疏散通道和疏散路线

D. 主动接受消防安全宣传教育培训，遵守消防安全管理制度和操作规程

E. 组织培训本单位员工报火警、扑救初起火灾、组织疏散逃生和自救的消防安全知识

5. 关于大型商业综合体内消防应急照明和疏散指示标志的管理的说法，错误的是（ ）。

A. 营业厅、展览厅等面积较大场所内的疏散指示标志，应当保证其指向最近的疏散出口，并使人员在走道上任何位置均能看见、了解所处楼层

B. 疏散楼梯通至屋面时，应当在每层楼梯间内设有"可通至避难层"的明显标志

C. 建筑内可采用蓄光型指示标志替代灯光疏散指示标志

D. 消防应急照明灯具、疏散指示标志应当保持完好、有效

E. 疏散楼梯通至屋面时，必须在屋面设置辅助疏散设施

6. 根据《机关、团体、企业、事业单位消防安全管理规定》，以下行为，单位应当责成有关人员当场改正的是（ ）。

A. 大部分灭火器箱子上锁

B. 手动开启十五层楼梯间前室的常闭加压送风口，相应的风机未正常启动

C. 防火卷帘下方堆放装修垃圾

D. 主体大楼内二层、十一层走道感烟探测器故障灯亮起

E. 消防电梯故障停运，并未办理相关审批手续，也无应急方案和防范措施

7. 根据《中华人民共和国刑法》《中华人民共和国消防法》，下列对当事人的处理方案正确的有（　　　）。

A. 装修工人王某犯有失火罪，处三年有期徒刑

B. 商铺老板徐某犯有强令违章作业冒险罪，处三年有期徒刑

C. 商铺老板徐某处十日拘留，并处五百元罚款

D. 资产管理公司单位消防安全管理人季某犯有消防责任事故罪，处三年有期徒刑

E. 资产管理公司单位负责人夏某犯有消防责任事故罪，处三年有期徒刑

8. 根据《大型商业综合体消防安全管理规则（试行）》，关于大型商业综合体日常消防安全管理的说法正确的是（　　　）。

A. 禁止使用易燃、可燃、难燃材料作为大型商业综合体建筑外墙保温材料

B. 大型商业综合体内严禁生产、经营、储存和展示甲、乙类易燃易爆危险物品

C. 大型商业综合体内部使用的宣传条幅、广告牌等临时性装饰材料必须采用不燃材料制作

D. 大型商业综合体建筑在进行外保温系统施工时，应当采取禁止或者限制使用该建筑的有效措施

E. 电动自行车集中存放、充电场所应当优先设置在室内且应当满足防火分隔、安全疏散等消防安全要求，加强巡查巡防并加装自动断电、视频监控等措施

【参考答案】

1. ADE	2. CE	3. BCE	4. ACD	5. BCE
6. AC	7. BE	8. BD		

案例二十五　工业厂房消防安全管理案例分析

一、情景描述

某皮革厂，地上4层，地下1层，每层层高为4m，建筑面积为3000m²。该皮革厂房平时均为两班倒班，每层厂房车间作业人数为100～150人。

2019年11月10日10：30，该皮革厂发生火灾，造成30人死亡、120人重伤，直接经济损失1000余万元。

经火灾事故调查，认定该事故原因为：一层半成品库的库房保管员张某在使用"热得快"烧水后忘记关掉电源，去车间外接听电话长时间未回，导致"热得快"干烧起火，并引燃周围可燃物，导致火灾蔓延。

事故发生时，由于三、四层成品车间员工均在进行生产作业，未察觉火情。张某返回时发现火灾，第一时间拿起灭火器却发现灭火器失效，随即拨打电话给车间主任刘某

进行汇报，刘某匆忙赶到现场后，发现火势太大无法自行扑灭，立即拨打"119"进行报警。由于平时该工厂的自动消防设施均处于手动状态，着火时消防控制室值班人员脱岗，所以未能及时启动自动灭火设施。该厂房东西两侧各设有一座封闭楼梯间，一楼西侧楼梯间入口处临时堆放大量准备入库的原材料，导致西侧疏散楼梯无法通行，由于无人组织灭火和疏散，众多工人拥挤在东侧楼梯间无法顺利逃出。火灾迅速蔓延引燃一层半成品库房内的可燃材料，大量有毒烟气向上扩散，蔓延至整个厂房。

经查，该皮革厂的厂长孙某为法定代表人，单位的消防安全管理工作由车间主任刘某负责，该企业消防安全制度和保障消防安全的操作规程欠缺，从未对员工进行消防安全培训，也未制订相关疏散预案及进行演练。消防部门曾责令将楼梯间入口处堆放的原材料搬离，责令消防设施恢复自动状态，但厂长孙某拒不执行。由于平日消防控制室只有1人值班，着火时值班人员外出导致消防控制室无人值班，未及时启动相关消防设施。灭火器出厂合格证及市场准入文件是由某消防设施检测服务机构出具的虚假文件。

该建筑的地上部分按国家规范要求设置了相应的自动灭火系统。

二、关键知识点及依据

(一)《中华人民共和国刑法》

1. 消防责任事故罪

消防责任事故罪是指违反消防管理法规，经消防监督机构通知采取改正措施而拒绝执行，造成严重后果，危害公共安全的行为。

立案标准：根据《最高人民法院、最高人民检察院关于办理危害生产安全刑事案件适用法律若干问题的解释》（法释〔2015〕22号）第六条，违反消防管理法规，经消防监督机构通知采取改正措施而拒绝执行，涉嫌下列情形之一的，应予以立案追诉：

（1）导致死亡1人以上，或者重伤3人以上的；

（2）造成直接经济损失100万元以上的；

（3）其他造成严重后果或者重大安全事故的情形。

刑罚：《中华人民共和国刑法》第一百三十九条规定，违反消防管理法规，经消防监督机构通知采取改正措施而拒绝执行，造成严重后果的，对直接责任人员，处三年以下有期徒刑或者拘役；后果特别严重的，处三年以上七年以下有期徒刑。

2. 重大责任事故罪

重大责任事故罪是指在生产、作业中违反有关安全管理的规定，因而发生重大伤亡事故或者造成其他严重后果的行为。

立案标准：根据《最高人民法院、最高人民检察院关于办理危害生产安全刑事案件适用法律若干问题的解释》第六条，在生产、作业中违反有关安全管理的规定，涉嫌下列情形之一的，应予以立案追诉：

（1）造成死亡1人以上，或者重伤3人以上的；

（2）造成直接经济损失100万元以上的；

（3）其他造成严重后果或者重大安全事故的情形。

刑罚：《中华人民共和国刑法》第一百三十四条第一款规定，在生产、作业中违反有关安全管理的规定，因而发生重大伤亡事故或者造成其他严重后果的，处三年以下有期徒刑或者拘役；情节特别恶劣的，处三年以上七年以下有期徒刑。

本案例库房保管员张某因在生产、作业中违反有关安全管理的规定，引起火灾，导致的事故已达立案标准，属于重大责任事故罪。该皮革厂的厂长孙某为法定代表人，消防部门曾责令将楼梯间入口处堆放的原材料搬离，责令消防设施恢复自动状态，但厂长孙某拒不执行，且事故已达立案标准，属于消防责任事故罪。

（二）《中华人民共和国消防法》

（1）消防产品质量认证、消防设施检测等消防技术服务机构出具虚假文件的，责令改正，处五万元以上十万元以下罚款，并对直接负责的主管人员和其他直接责任人员处一万元以上五万元以下罚款；有违法所得的，并处没收违法所得；给他人造成损失的，依法承担赔偿责任；情节严重的，由原许可机关依法责令停止执业或者吊销相应资质、资格。

前款规定的机构出具失实文件，给他人造成损失的，依法承担赔偿责任；造成重大损失的，由原许可机关依法责令停止执业或者吊销相应资质、资格。

本案例中灭火器出厂合格证及市场准入文件是由某消防设施检测服务机构出具的虚假文件，根据《中华人民共和国消防法》，对该消防设施检测服务机构责令改正，处五万元以上十万元以下罚款；并对直接负责的主管人员和其他直接责任人员处一万元以上五万元以下罚款。

（2）单位违反《中华人民共和国消防法》规定，有下列行为之一的，责令改正，处五千元以上五万元以下罚款：

1）消防设施、器材或者消防安全标志的配置、设置不符合国家标准、行业标准，或者未保持完好有效的；

2）损坏、挪用或者擅自拆除、停用消防设施、器材的；

3）占用、堵塞、封闭疏散通道、安全出口或者有其他妨碍安全疏散行为的；

4）埋压、圈占、遮挡消火栓或者占用防火间距的；

5）占用、堵塞、封闭消防车通道，妨碍消防车通行的；

6）人员密集场所在门窗上设置影响逃生和灭火救援的障碍物的；

7）对火灾隐患经消防救援机构通知后不及时采取措施消除的。

个人有2）、3）、4）、5）行为之一的，处警告或者五百元以下罚款。

本案例中该企业灭火器失效，导致无法扑灭初期火灾，消防设施、器材不符合国家标准、行业标准，或者未保持完好有效，应对本企业处以五千元以上五万元以下罚款。

（三）《机关、团体、企业、事业单位消防安全管理规定》（公安部令第61号）

单位应当按照国家有关规定，结合本单位的特点，建立健全各项消防安全制度和保障消防安全的操作规程，并公布执行。

单位消防安全制度主要包括以下内容：消防安全教育、培训；防火巡查、检查；安全疏散设施管理；消防（控制室）值班；消防设施、器材维护管理，火灾隐患整改；用火、用电安全管理；易燃易爆危险物品和场所防火防爆；专职和义务消防队的组织管理；灭火和应急疏散预案演练；燃气和电气设备的检查和管理（包括防雷、防静电）；消防安全工作考评和奖惩；其他必要的消防安全内容。

（四）《消防控制室通用技术要求》

消防控制室管理应符合下列要求：

（1）应实行每日 24 小时专人值班制度，每班不应少于 2 人，值班人员应持有消防控制室操作职业资格证书；

（2）消防设施日常维护管理应符合现行《建筑消防设施的维护管理》（GB 25201）的要求；

（3）应确保火灾自动报警系统、灭火系统和其他联动控制设备处于正常工作状态，不得将应处于自动状态的设在手动状态；

（4）应确保高位消防水箱、消防水池、气压水罐等消防储水设施水量充足，确保消防泵出水管阀门、自动喷水灭火系统管道上的阀门常开；确保消防水泵、防排烟风机、防火卷帘等消防用电设备的配电柜启动开关处于自动位置（通电状态）。

本案例中，该企业消防控制室配置的值班人员不足，随意外出，自动灭火装置设在手动状态，均不符合要求。

三、练习题

多项选择题（每题 2 分，每题的备选项中有 2 个或 2 个以上符合题意，至少有 1 个错项。错选，本题不得分；少选，所选的每个选项得 0.5 分）

1. 根据《中华人民共和国刑法》，下列对当事人张某的处理方案，正确的有（   ）。

A. 张某犯有重大劳动安全事故罪

B. 张某犯有消防责任事故罪

C. 张某犯有重大责任事故罪

D. 对张某处八年有期徒刑

E. 对张某处三年有期徒刑

2. 根据《中华人民共和国刑法》，下列对厂长孙某的处理方案，正确的有（   ）。

A. 孙某犯有重大劳动安全事故罪

B. 孙某犯有消防责任事故罪

C. 孙某犯有重大责任事故罪

D. 对孙某处八年有期徒刑

E. 对孙某处三年有期徒刑

3. 该皮革厂使用的灭火器由某消防设施检测服务机构出具了虚假文件，根据《中华人民共和国消防法》，下列对检测机构和相关人员处罚合理的是（   ）。

A. 对检测机构处以三万元罚款

B. 责令改正并对检测机构处以八万元罚款

C. 责令改正并对直接责任人处以五万元罚款

D. 对直接责任人处以三年有期徒刑

E. 对检测机构处以三十万元罚款

4. 根据《中华人民共和国消防法》，对该企业灭火器失效的情形，处罚正确的有（   ）。

A. 责令改正并处五千元罚款

B. 责令改正并处三千元罚款

C. 责令改正并处四千元罚款

D. 责令改正并处五万元罚款

E. 责令改正并处六万元罚款

5. 下列关于消防控制室的管理，说法正确的是（　　　）。

A. 应实行每日 24 小时专人值班制度，每班不少于 1 人

B. 每班人员中至少有 1 人应持有消防控制室操作职业资格证书

C. 应确保灭火系统处于正常工作状态，不得将应处于自动状态的设置在手动状态

D. 确保消防水泵、防排烟风机、防火卷帘等消防用电设备的配电柜启动开关处于自动状态

E. 应确保高位消防水箱、消防水池等消防储水设施水量充足

6. 根据《机关、团体、企业、事业单位消防安全管理规定》（公安部令第 61 号），该企业还应当制定（　　　）。

A. 安保组织制度

B. 安全疏散设施管理制度

C. 火灾隐患整改制度

D. 安全生产例会制度

E. 消防设施、器材维护管理制度

【参考答案】

1. CE　　　2. BE　　　3. BC　　　4. AD　　　5. CDE　　　6. BCE

案例二十六　易燃易爆生产、储运单位消防安全管理案例分析

一、情景描述

某大型石油化工生产企业，原油加工能力为 300 万吨/年。该企业建于 20 世纪 70 年代初，分为生产区、辅助生产区、储存区和生活区四个主要区块布置，厂区内设有各种油品储罐 26 座，油品通过输油管道、铁路及公路等方式运输。近年由于城市规模发展迅速，该企业的厂址由原来的城市郊区变成"城中村"，各类问题积患严重。

2019 年 11 月 12 日，当地消防机构对该企业进行消防监督检查，发现以下情况：

（1）消防安全制度不健全，未设置专职消防队；

（2）部分消防车道改作油罐车停车场；

（3）消防控制室部分值班人员无证上岗；

（4）两个储罐未按国家标准的规定设置可燃气体浓度报警、火灾报警设施；

（5）个别石化生产装置与附近厂外新建住宅楼防火间距小于国家工程建设消防技术标准规定值的 75%；

（6）部分消防装备器材被损坏，部分灭火药剂已失效。

消防机构工作人员随即针对不合格之处下发法律文书责令其限期改正，并依法实施

了行政处罚。该企业负责消防安全管理的副总经理刘某（企业确定的消防安全管理人）当即表示：目前企业在市政府的统一规划下，该区域将建成高层住宅小区，企业计划在5年内完成搬迁，除上述第（6）项外的其他不合格处均能按期完成整改。

二、关键知识点及依据

（一）《机关、团体、企业、事业单位消防安全管理规定》（公安部令第61号）

（1）下列范围的单位是消防安全重点单位，应当按照本规定的要求，实行严格管理：

1）商场（市场）、宾馆（饭店）、体育场（馆）、会堂、公共娱乐场所等公共聚集场所（以下统称"公众聚集场所"）；

2）医院、养老院和寄宿制的学校、托儿所、幼儿园；

3）国家机关；

4）广播电台、电视台和邮政、通信枢纽；

5）客运车站、码头、民用机场；

6）公共图书馆、展览馆、博物馆、档案馆及具有火灾危险性的文物保护单位；

7）发电厂（站）和电网经营企业；

8）易燃易爆化学物品的生产、充装、储存、供应、销售单位；

9）服装、制鞋等劳动密集型生产、加工企业；

10）重要的科研单位；

11）其他发生火灾可能性较大及一旦发生火灾可能造成重大人身伤亡或者财产损失的单位。

高层办公楼（写字楼）、高层公寓楼等高层公共建筑，城市地下铁道、地下观光隧道等地下公共建筑和城市重要的交通隧道，粮、棉、木材、百货等物资集中的大型仓库和堆场，国家和省级等重点工程的施工现场，应当按照本规定对消防安全重点单位的要求，实行严格管理。

根据判定规则，本案例石油化工生产企业属于消防安全重点单位。

（2）法人单位的法定代表人或者非法人单位的主要负责人是单位的消防安全责任人，对本单位的消防安全工作全面负责。

消防安全重点单位及其消防安全责任人、消防安全管理人应当报当地公安消防机构备案。

本案例石油化工生产企业的法定代表人为该企业的消防安全责任人，副总经理刘某为该企业的消防安全管理人，且该企业及其法定代表人、副总经理刘某应当报当地消防机构备案。

（3）单位的消防安全责任人应当履行下列消防安全职责：

1）贯彻执行消防法规，保障单位消防安全符合规定，掌握本单位的消防安全情况；

2）将消防工作与本单位的生产、科研、经营、管理等活动统筹安排，批准实施年度消防工作计划；

3）为本单位的消防安全提供必要的经费和组织保障；

4）确定逐级消防安全责任，批准实施消防安全制度和保障消防安全的操作规程；

5）组织防火检查，督促落实火灾隐患整改，及时处理涉及消防安全的重大问题；

6）根据消防法规的规定建立专职消防队、义务消防队；

7）组织制定符合本单位实际的灭火和应急疏散预案，并实施演练。

该企业的法定代表人为该企业的消防安全责任人，应当履行上述1）～7）条规定的消防安全职责。

（4）单位可以根据需要确定本单位的消防安全管理人。消防安全管理人对单位的消防安全责任人负责，实施和组织落实下列消防安全管理工作：

1）拟订年度消防工作计划，组织实施日常消防安全管理工作；

2）组织制订消防安全制度和保障消防安全的操作规程并检查督促其落实；

3）拟订消防安全工作的资金投入和组织保障方案；

4）组织实施防火检查和火灾隐患整改工作；

5）组织实施对本单位消防设施、灭火器材和消防安全标志的维护保养，确保其完好有效，确保疏散通道和安全出口畅通；

6）组织管理专职消防队和义务消防队；

7）在员工中组织开展消防知识、技能的宣传教育和培训，组织灭火和应急疏散预案的实施和演练；

8）单位消防安全责任人委托的其他消防安全管理工作；

9）消防安全管理人应当定期向消防安全责任人报告消防安全情况，及时报告涉及消防安全的重大问题。未确定消防安全管理人的单位，前款规定的消防安全管理工作由单位消防安全责任人负责实施。

副总经理刘某为该企业的消防安全管理人，应当履行上述1）～9）条规定的消防安全职责。

（5）消防安全重点单位应当设置或者确定消防工作的归口管理职能部门，并确定专职或者兼职的消防管理人员；其他单位应当确定专职或者兼职消防管理人员，可以确定消防工作的归口管理职能部门。归口管理职能部门和专兼职消防管理人员在消防安全责任人或者消防安全管理人的领导下开展消防安全管理工作。

本案例石油化工生产企业属于消防安全重点单位，该企业应当设置或者确定消防工作的归口管理职能部门，并确定专职或者兼职的消防管理人员。

（6）消防安全重点单位应当进行每日防火巡查，并确定巡查的人员、内容、部位和频次。其他单位可以根据需要组织防火巡查。巡查的内容应当包括：

1）用火、用电有无违章情况；

2）安全出口、疏散通道是否畅通，安全疏散指示标志、应急照明是否完好；

3）消防设施、器材和消防安全标志是否在位、完整；

4）常闭式防火门是否处于关闭状态，防火卷帘下是否堆放物品影响使用；

5）消防安全重点部位的人员在岗情况；

6）其他消防安全情况。

本案例石油化工生产企业属于消防安全重点单位，应当进行每日防火巡查，并确定巡查的人员、内容、部位和频次，巡查内容为上述规定。

（7）机关、团体、事业单位应当至少每季度进行一次防火检查，其他单位应当至少每月进行一次防火检查。检查的内容应当包括：

1）火灾隐患的整改情况及防范措施的落实情况；

2）安全疏散通道、疏散指示标志、应急照明和安全出口情况；

3）消防车通道、消防水源情况；

4）灭火器材配置及有效情况；

5）用火、用电有无违章情况；

6）重点工种人员及其他员工消防知识的掌握情况；

7）消防安全重点部位的管理情况；

8）易燃易爆危险物品和场所防火防爆措施的落实情况及其他重要物资的防火安全情况；

9）消防（控制室）值班情况和设施运行、记录情况；

10）防火巡查情况；

11）消防安全标志的设置情况和完好、有效情况；

12）其他需要检查的内容。

防火检查应当填写检查记录。检查人员和被检查部门负责人应当在检查记录上签名。

该企业应当至少每月进行一次防火检查，检查内容为上述规定。

（8）单位应当通过多种形式开展经常性的消防安全宣传教育。消防安全重点单位对每名员工应当至少每年进行一次消防安全培训。宣传教育和培训内容应当包括：

1）有关消防法规、消防安全制度和保障消防安全的操作规程；

2）本单位、本岗位的火灾危险性和防火措施；

3）有关消防设施的性能、灭火器材的使用方法；

4）报火警、扑救初起火灾及自救逃生的知识和技能。

公众聚集场所对员工的消防安全培训应当至少每半年进行一次，培训的内容还应当包括组织、引导在场群众疏散的知识和技能。

单位应当组织新上岗和进入新岗位的员工进行上岗前的消防安全培训。

本案例石油化工生产企业属于消防安全重点单位，应当对每名员工至少每年进行一次消防安全培训，并组织新上岗和进入新岗位的员工进行上岗前的消防安全培训。

（9）下列人员应当接受消防安全专门培训：

1）单位的消防安全责任人、消防安全管理人；

2）专、兼职消防管理人员；

3）消防控制室的值班、操作人员；

4）其他依照规定应当接受消防安全专门培训的人员。

以上规定中的第3）条人员应当持证上岗。

该企业的消防安全责任人，消防安全管理人，专、兼职消防管理人员，消防控制室的值班、操作人员及其他依照规定应当接受消防安全专门培训的人员应当接受消防安全专门培训。

（10）消防安全重点单位应当按照灭火和应急疏散预案，至少每半年进行一次演练，并结合实际，不断完善预案。其他单位应当结合本单位实际，参照制订相应的应急方案，至少每年组织一次演练。

消防演练时，应当设置明显标识并事先告知演练范围内的人员。

本案例石油化工生产企业属于消防安全重点单位，应当按照灭火和应急疏散预案，至少每半年进行一次演练，消防演练时，应当设置明显标识并事先告知演练范围内的人员。

(二)《重大火灾隐患判定方法》(GB 35181—2017)

重大火灾隐患的判定方法分为直接判定和综合判定。直接判定要素有如下 10 项：

(1) 生产、储存和装卸易燃易爆危险品的工厂、仓库和专用车站、码头、储罐区，未设置在城市的边缘或相对独立的安全地带。

(2) 生产、储存、经营易燃易爆危险品的场所与人员密集场所、居住场所设置在同一建筑物内，或与人员密集场所、居住场所的防火间距小于国家工程建设消防技术标准规定值的 75%。

(3) 城市建成区内的加油站、天然气或液化石油气加气站、加油加气合建站的储量达到或超过现行《汽车加油加气站设计与施工规范》(GB 50156) 对一级站的规定。

(4) 甲、乙类生产场所和仓库设置在建筑的地下室或半地下室。

(5) 公共娱乐场所、商店、地下人员密集场所的安全出口数量不足或其总净宽度小于国家工程建设消防技术标准规定值的 80%。

(6) 旅馆、公共娱乐场所、商店、地下人员密集场所未按国家工程建设消防技术标准的规定设置自动喷水灭火系统或火灾自动报警系统。

(7) 易燃可燃液体、可燃气体储罐（区）未按国家工程建设消防技术标准的规定设置固定灭火、冷却、可燃气体浓度报警、火灾报警设施。

(8) 在人员密集场所违反消防安全规定使用、储存或销售易燃易爆危险品。

(9) 托儿所、幼儿园的儿童用房及老年人活动场所，所在楼层位置不符合国家工程建设消防技术标准的规定。

(10) 人员密集场所的居住场所采用彩钢夹芯板搭建，且彩钢夹芯板芯材的燃烧性能等级低于现行《建筑材料及制品燃烧性能分级》(GB 8624) 规定的 A 级。

本案例为生产、储存、经营易燃易爆危险品的场所，依据判定规则，直接判定为重大火灾隐患要素的有以下 3 项：

1) 该企业未设置在城市的边缘或相对独立的安全地带；

2) 两个储罐未按国家标准的规定设置可燃气体浓度报警、火灾报警设施；

3) 石化生产装置与附近住宅楼的防火间距小于国家工程建设消防技术标准规定值的 75%。

综合判定重大火灾隐患要素有以下 4 项：

1) 部分消防车道改作油罐车停车场，消防车道被堵塞、占用；

2) 消防控制室部分值班人员无证上岗；

3) 部分消防装备器材被损坏，部分灭火药剂已失效；

4) 未设置专职消防队。

(三)《机关、团体、企业、事业单位消防安全管理规定》(公安部令第 61 号)

(1) 对不能当场改正的火灾隐患，消防工作归口管理职能部门或者专兼职消防管理人员应当根据本单位的管理分工，及时将存在的火灾隐患向单位的消防安全管理人或者消防安全责任人报告，提出整改方案。消防安全管理人或者消防安全责任人应当确定整改的措施、期限及负责整改的部门、人员，并落实整改资金。

在火灾隐患未消除之前，单位应当落实防范措施，保障消防安全。不能确保消防安全，随时可能引发火灾或者一旦发生火灾将严重危及人身安全的，应当将危险部位停产停业整改。

（2）火灾隐患整改完毕，负责整改的部门或者人员应当将整改情况记录报送消防安全责任人或者消防安全管理人签字确认后存档备查。

（3）对于涉及城市规划布局而不能自身解决的重大火灾隐患，以及机关、团体、事业单位确无能力解决的重大火灾隐患，单位应当提出解决方案并及时向其上级主管部门或者当地人民政府报告。

（4）对公安消防机构责令限期改正的火灾隐患，单位应当在规定的期限内改正并写出火灾隐患整改复函，报送公安消防机构。

本案例石油化工生产企业的火灾隐患整改工作，应执行上述规定。

（四）《中华人民共和国消防法》

（1）下列单位应当建立单位专职消防队，承担本单位的火灾扑救工作：

1）大型核设施单位、大型发电厂、民用机场、主要港口；

2）生产、储存易燃易爆危险品的大型企业；

3）储备可燃的重要物资的大型仓库、基地；

4）第1）、2）、3）条规定以外的火灾危险性较大、距离国家综合性消防救援队较远的其他大型企业；

5）距离国家综合性消防救援队较远、被列为全国重点文物保护单位的古建筑群的管理单位。

（2）专职消防队的建立，应当符合国家有关规定，并报当地消防救援机构验收。

该企业为生产、储存易燃易爆危险品的大型企业，应当建立单位专职消防队，并报当地消防救援机构验收。

三、练习题

多项选择题（每题2分，每题的备选项中有2个或2个以上符合题意，至少有1个错项。错选，本题不得分；少选，所选的每个选项得0.5分）

1. 根据《机关、团体、企业、事业单位消防安全管理规定》（公安部令第61号），该企业法定代表人应履行的消防安全职责有（　　）。

A. 为本单位的消防安全提供必要的经费和组织保障

B. 组织灭火和应急疏散预案的实施和演练

C. 组织防火检查，督促落实火灾隐患整改

D. 根据消防法规的规定建立专职消防队、义务消防队

E. 组织制订消防安全制度和保障消防安全的操作规程并检查督促其落实

2. 根据《机关、团体、企业、事业单位消防安全管理规定》（公安部令第61号），下列关于该企业的防火巡查与防火检查的说法，正确的有（　　）。

A. 该企业应每日巡查用火、用电有无违章情况

B. 该企业应确定防火巡查的人员、内容、部位和频次

C. 该企业应每季度进行一次防火检查

D. 该企业应每日巡查消防安全管理人在岗情况

E. 火灾隐患的整改情况及防范措施的落实情况应纳入该企业的防火检查内容

3. 根据《重大火灾隐患判定方法》（GB 35181—2017），该企业存在的重大火灾隐患直接判定要素有（　　）。

A. 该企业未设置在城市的边缘或相对独立的安全地带

B. 部分消防车道改作油罐车停车场

C. 该企业未设置专职消防队

D. 两个储罐未按国家标准的规定设置可燃气体浓度报警、火灾报警设施

E. 石化生产装置与附近住宅楼的防火间距小于国家工程建设消防技术标准规定值的 75%

4. 根据《机关、团体、企业、事业单位消防安全管理规定》（公安部令第 61 号），下列关于该企业的消防安全教育培训和应急预案演练的描述，正确的有（　　）。

A. 该企业每年应对有火灾风险的作业员工进行一次消防安全培训

B. 新上岗和进入新岗位的员工应进行上岗前的消防安全培训

C. 该企业副总经理刘某应当接受消防安全专门培训

D. 该企业应当按照灭火和应急疏散预案，至少每年进行一次演练

E. 消防演练时，应当设置明显标识并事先告知演练范围内的人员

5. 根据《机关、团体、企业、事业单位消防安全管理规定》（公安部令第 61 号），关于火灾隐患整改的说法，正确的是（　　）。

A. 消防安全管理人或者消防安全责任人应当确定整改的措施、期限及负责整改的部门、人员，并落实整改资金

B. 对于涉及城市规划布局而不能自身解决的重大火灾隐患，可暂不解决

C. 对不能当场改正的火灾隐患，不能确保消防安全，随时可能引发火灾或者一旦发生火灾将严重危及人身安全的，应当将危险部位停产停业整改

D. 火灾隐患整改完毕，负责整改的部门或者人员应当将整改情况记录报送消防安全责任人或者消防安全管理人签字确认后存档备查

E. 对责令限期改正的火灾隐患，单位应当在规定的期限内改正并写出火灾隐患整改复函，报送当地消防机构

6. 根据《中华人民共和国消防法》和《机关、团体、企业、事业单位消防安全管理规定》（公安部令第 61 号），下列关于该企业消防安全管理的描述，正确的有（　　）。

A. 该企业不属于消防安全重点单位

B. 该企业副总经理刘某是消防安全责任人

C. 该企业应当建立专职消防队

D. 该企业应当设置消防工作的归口管理职能部门，并确定专职或者兼职的消防管理人员

E. 该企业及其法定代表人、副总经理刘某应当报当地消防机构备案

【参考答案】

1. ACD　　2. ABE　　3. ADE　　4. BCE　　5. ACDE　　6. CDE